中等职业教育·道路运输类专业教材
中高职贯通培养·校企"双元"合作新形态一体化教材

工程力学基础

张　睿　李梛娟　**主　编**
王　松　罗　筠　**副主编**
沈长春　韦生根　**主　审**

人民交通出版社股份有限公司
北　京

内 容 提 要

本书为中等职业教育道路运输类专业教材、中高职贯通培养校企"双元"合作新形态一体化教材。全书针对中职阶段的学习,将教材分为 5 个模块,即物体的受力分析、平面力系的平衡、直杆轴向拉伸与压缩、直梁弯曲、连接件的剪切与挤压。每个模块下设有若干学习任务单,便于学生学练结合。书中配有数字资源,读者可通过扫描封面二维码免费观看。

本书可作为中等职业学校道路运输类相关专业教材,也可作为工程技术人员参考用书。

本书配有教学课件,教师可通过加入职教路桥教学研讨群(QQ:561416324)获取。

图书在版编目(CIP)数据

工程力学基础/张睿,李郴娟主编. —北京:人民交通出版社股份有限公司,2024.2
ISBN 978-7-114-19126-8

Ⅰ.①工… Ⅱ.①张… ②李… Ⅲ.①工程力学—中等专业学校—教材 Ⅳ.①TB12

中国国家版本馆 CIP 数据核字(2023)第 230812 号

中等职业教育·道路运输类专业教材
中高职贯通培养·校企"双元"合作新形态一体化教材
Gongcheng Lixue Jichu

书　　名:	工程力学基础
著 作 者:	张　睿　李郴娟
责任编辑:	刘　倩
责任校对:	赵媛媛
责任印制:	刘高彤
出版发行:	人民交通出版社股份有限公司
地　　址:	(100011)北京市朝阳区安定门外外馆斜街 3 号
网　　址:	http://www.ccpcl.com.cn
销售电话:	(010)59757973
总 经 销:	人民交通出版社股份有限公司发行部
经　　销:	各地新华书店
印　　刷:	北京武英文博科技有限公司
开　　本:	880×1230　1/16
印　　张:	12.5
字　　数:	236 千
版　　次:	2024 年 2 月　第 1 版
印　　次:	2024 年 2 月　第 1 次印刷
书　　号:	ISBN 978-7-114-19126-8
定　　价:	42.00 元(含主教材和活页式学习任务册)

(有印刷、装订质量问题的图书,由本公司负责调换)

前言

《全国大中小学教材建设规划(2019—2022年)》指出"职业教育教材重在体现'新'和'实'",反映新知识、新技术、新工艺、新方法。按照《职业院校教材管理办法》的要求,为确保新一轮中等职业教育教学改革顺利进行,全面提高教育教学质量,保证高质量教材进课堂,根据《交通运输部关于人民交通出版传媒管理有限公司开展道路交通安全文明素质教育等交通强国建设试点工作的意见》(交规划函〔2021〕439号)的要求,结合中等职业学校道路运输类专业教学标准以及教育部颁布的《中等职业学校土木工程力学基础教学大纲》,并参照国家相关职业标准和行业岗位技能标准编写本教材。

"工程力学基础"是中等职业学校道路与桥梁工程施工、公路施工与养护、建筑工程施工等土木工程类相关专业的一门专业基础课程,是土木工程类相关专业学生未来从事施工员、质检员、安全员以及钢筋工、混凝土工等岗位工作,获取相关职业资格证书所必修的课程。

本教材为中高贯通培养、中高职衔接中职版系列教材之一,立足中职教育的基础作用,依据土木工程类相关专业必备的工程力学基本知识和技能,以"分析物体受力"为载体,构建教材内容;以符合中职学生认知规律进行内容排序,主要学习"静力学"中"力和力系"、了解"材料力学"中"内力、应力",重点学习构件外力分析。本教材内容分为物体的受力分析、平面力系的平衡、直杆轴向拉伸与压缩、直梁弯曲、连接件的剪切与挤压五个模块,主要学习土木工程简单结构和基本构件受力。学生通过中职阶段学习,初步具备对工程结构问题的简化能力和一定的力学分析能力,为学生掌握土木工程类相关专业必备的力学基础知识和基本技能,初步具备构件受力分析的能力,以及后续课程的学习打下基础,同时为培养崇高的职业理想、良好的职业道德和正确的职业行为,以及为今后解决生产实际问题和职业发展奠定基础。

本教材具有以下四方面的特点。

1. 坚持正确政治方向，落实立德树人根本任务

坚持以习近平新时代中国特色社会主义思想引领中职教材建设，提升教材的思想性、科学性、时代性，并有机融入课程思政元素，落实了立德树人根本任务。发挥教材的育人功能，以素质教育为基础、以职业能力为本位，注重技能培养，通过真实案例让学生了解职业、热爱职业，建立良好的职业道德和职业意识，培育和践行社会主义核心价值观。

2. 突出工程案例，加强与工作岗位的联系

在教材的各模块、任务中均导入真实工程案例，通过工程实例分析，把抽象难理解的力学问题形象化、生活化，同时突出力学在工程中的应用，培养学生从事土木工程施工的岗位能力。

3. 校企双元开发，以学生为中心

本教材由企业导师和校内教师"双元"主体开发，遵循学生的认知规律，教材内容贴近生活，图文并茂、生动有趣，使学生"想学、能学"，激发学生学习兴趣，突破"已教定学"范式，创设"合作探究"课堂。

4. 教学资源立体配套

本教材开发了多元立体化教学资源，包括动画、三维模型、视频等多种数字资源，通过扫描书中知识点对应的二维码，即可观看数字资源，享受立体化阅读体验。

本教材由贵州交通技师学院张睿、贵州交通职业技术学院李郴娟担任主编，贵州交通技师学院王松、罗筠担任副主编，由贵州顺康检测股份有限公司高级工程师沈长春、贵州交通职业技术学院韦生根担任主审。参编人员有贵州顺康检测股份有限公司吴有无、贵州交通职业技术学院王转、浙江绍兴市中等学校冯晓君、浙江建设职业技术学院骆圣明、郑州商业技师学院李文雁。各模块任务的编写人员和参考学时详见下表。

模块任务学时分配参考和编写人员分工表

模块	任务	编写人员	参考学时
模块1 物体的受力分析	任务1.1 认识"力"和"刚体"	张睿、骆圣明	4
	任务1.2 静力学公理应用		4
	任务1.3 认识约束与约束力		6
	任务1.4 受力图绘制		6

续上表

模块	任务	编写人员	参考学时
模块2 平面力系的平衡	任务2.1　认识力的投影	王松、吴有无	4
	任务2.2　认识平面汇交力系的平衡		4
	任务2.3　认识力矩		4
	任务2.4　认识力偶		4
	任务2.5　认识平面一般力系平衡		4
模块3 直杆轴向拉伸与压缩	任务3.1　认识杆件变形	李郴娟、冯晓君	4
	任务3.2　认识直杆轴向内力		4
	任务3.3　认识直杆轴向应力		4
	任务3.4　直杆轴向拉压的工程应用		2
模块4 直梁弯曲	任务4.1　认识梁的形式及弯曲变形	罗筠、王转	2
	任务4.2　梁的内力图绘制		2
	任务4.3　认识梁的正应力及其强度条件		4
模块5 连接件的剪切与挤压	任务5.1　认识剪切	李郴娟、李文雁	4
	任务5.2　认识挤压		2
	任务5.3　剪切和挤压的工程应用		2

贵州顺康检测股份有限公司全程参与教材的编写和指导，并提出了很多宝贵意见，在此深表感谢。由于编者水平有限，书中难免存在一些不足，期望得到读者的批评指正，以便进一步修改完善。

编　者
2023年9月

目录

模块 1　物体的受力分析 ·· 1
　任务 1.1　认识"力"和"刚体" ·· 1
　任务 1.2　静力学公理应用 ··· 10
　任务 1.3　认识约束与约束力 ··· 20
　任务 1.4　受力图绘制 ·· 28

模块 2　平面力系的平衡 ·· 33
　任务 2.1　认识力的投影 ··· 33
　任务 2.2　认识平面汇交力系的平衡 ·· 37
　任务 2.3　认识力矩 ··· 43
　任务 2.4　认识力偶 ··· 48
　任务 2.5　认识平面一般力系平衡 ··· 52

模块 3　直杆轴向拉伸与压缩 ·· 57
　任务 3.1　认识杆件变形 ··· 57
　任务 3.2　认识直杆轴向内力 ··· 62
　任务 3.3　认识直杆轴向应力 ··· 66
　任务 3.4　直杆轴向拉压的工程应用 ·· 69

模块 4　直梁弯曲 ··· 74
　任务 4.1　认识梁的形式及弯曲变形 ·· 74
　任务 4.2　梁的内力图绘制 ·· 89
　任务 4.3　认识梁的正应力及其强度条件 ·· 97

模块 5　连接件的剪切与挤压 ··· 108
　任务 5.1　认识剪切 ·· 108
　任务 5.2　认识挤压 ·· 112
　任务 5.3　剪切和挤压的工程应用 ·· 115

参考文献 ··· 118

本教材配套资源索引

序号	内容模块	资源名称	资源类型	书中页码
1	模块一 物体的受力分析	认识"力"	课件	2
2		力的作用效果	动画	3
3		力的三要素	课件	5
4		刚体	动画	8
5		静力学公理	课件	10
6		光滑接触面约束	动画	22
7		链杆约束	动画	22
8		圆柱形铰链约束	动画	22
9		可动铰支座	动画	23
10		固定铰支座	动画	23
11		固定端支座	动画	24
12		单个物体的受力图	动画	29
13	模块二 平面力系的平衡	力的投影	课件	33
14		力系及其类型	动画	38
15		力矩	动画	44
16		荷载的分类	动画	45
17		力偶和力偶矩	动画	49
18	模块三 直杆轴向拉伸与压缩	直杆轴向拉伸和压缩	动画	58
19	模块四 直梁弯曲	认识"梁"	课件	74
20		梁的弯曲	课件	82
21		梁的弯曲	动画	82
22		梁的弯矩与剪力	动画	85
23		梁的受力分析	课件	86
24		梁的内力图绘制	课件	90
25		梁的正应力及强度条件	课件	97
26	模块五 连接件的剪切与挤压	剪切变形	动画	110

资源使用方法:
1. 扫描封面上的二维码(注意此码只可激活一次);
2. 关注"交通教育出版"微信公众号;
3. 公众号弹出"购买成功"通知,点击"查看详情",进入后即可查看资源;
4. 也可进入"交通教育出版"微信公众号,点击下方菜单"用户服务-图书增值",选择已绑定的教材进行观看和学习。

模块 1　物体的受力分析

素质目标：具备观察生活中的力学现象和对生活中的物体进行受力分析的能力，养成力学思维习惯。

知识目标：了解力的概念、力的两种作用效果、力的三要素；了解力的平衡的概念，了解平行四边形法则、加减平衡力系公理；了解约束与约束力的概念；了解分离体、受力图的概念。

能力目标：会对基本构件进行受力分析；能对工程中常用基本构件的约束进行简化，能分析常见约束的约束性质及约束力方向；能画单个物体的受力图。

任务 1.1　认识"力"和"刚体"

案例导入

在 2022 年卡塔尔世界杯小组赛巴西对阵塞尔维亚的比赛中，巴西队 9 号队员理查利森接到 20 号队友维尼修斯的左路传中后，顺势将足球停在半空，接着扭转身体，腾空踢出一记惊四座的倒钩射门，如图 1.1-1 所示，球直入网窝，最终巴西队以 2∶0 取得本场比赛的胜利，而这粒进球也被国际足联评为 2022 年卡塔尔世界杯最佳进球。

图 1.1-1　足球中的倒钩射门

那么,足球受到了哪些力的作用？要回答这一问题,我们需要先认识力和力的作用与要素。

 思考回答

1. 你知道足球运动中哪些行为和力有关吗？

_____
_____
_____

2. 我们在看足球比赛的时候,经常听解说员说:"球在空中划过一道美丽的弧线,直挂球门死角。"为什么足球会在空中划过一道美丽的弧线呢？

_____
_____
_____

3. 你知道生活中有哪些与力有关的现象？举例说明。

_____
_____
_____

理论知识

一、力的概念

认识"力"

力是人们在生活和生产实践中,通过长期的观察和分析而形成的概念。例如：抬物体的时候,物体压在肩上；在超市购物的时候,用手推购物车,购物车由静止开始运动；落锤锻压工件时,工件产生变形；等等。**人们就是在这样大量的实践中,从感性到理性,逐步建立起力的概念。**

如表1.1-1所示,在力学中,一个物体对另一个物体发生推、拉、压、踢等作用,我们就说这个物体对另一个物体施加了力的作用。

生活中的力学现象探究　　　　　表 1.1-1

图示	现象	分析		
		施力物体	受力物体	作用
	用力推课桌	人	课桌	推
	拉伸或压缩弹簧	人	弹簧	拉、压
	用脚踢足球	人	足球	踢

二、力的作用及作用效果

1. 力的作用

力是物体对物体的作用,产生力的作用总要有两个物体(一个是施力物体,另一个是受力物体),单独一个物体不会产生力的作用,力也不能离开物体而单独存在。

相互接触的物体也不一定产生力的作用。如图 1.1-2 所示,并排放在水平桌面上的两个物体,它们之间如无相互挤压,则两个物块间无力的作用。没有接触的两个物体之间也可能有力的作用。如图 1.1-3 所示,相互靠近的两个磁体,相互排斥。因此,是否相互接触不是判断物体间是否有力作用的依据。

图 1.1-2　桌面上放置的两个物体　　　　图 1.1-3　相互靠近的两个磁体

2. 力的作用效果

力是物体之间相互的机械作用,这种作用引起物体的运动状态发生变化或使**物体产生变形**。

力的作用效果

物体的运动状态发生变化是指物体的**运动速度**或**运动方向**改变,如表 1.1-2 所示。力使物体的运动状态发生变化的效应,叫作力的**外效应**。

物体的运动状态改变实例　　　　　　　　　　　　　　　　表 1.1-2

实例	现象	作用效果
磁体对铁球的力	磁体对铁球的吸引力使铁球在桌面上**运动得越来越快**	受到力的作用后,铁球、足球的运动状态发生了变化,说明力可以改变物体的运动状态
守门员接住足球	守门员对足球的作用力使足球**由运动变为静止**	

图 1.1-4　用力推汽车

力可以改变物体的运动状态,不表示"有力作用在物体上时,物体的运动状态一定会发生改变"。如图 1.1-4 所示,用力推静止的汽车,汽车仍然静止,此时虽然有力作用在汽车上,但汽车的运动状态没有改变。

物体的变形是指物体的**形状**或**大小**发生变化,如表 1.1-3 所示。力使物体发生变形的效应,叫作力的**内效应**。

物体的变形实例　　　　　　　　　　　　　　　　表 1.1-3

实例	现象	作用效果
手拉弹弓	手拉弹弓使橡皮筋变长	受到力的作用后,橡皮泥、橡皮筋的形状发生了变化,说明力可以改变物体的形状,使物体发生变形
用力挤压橡皮泥	用力挤压橡皮泥,橡皮泥变形	

物体的变形可以是很明显的,也可以是非常微小的,有时我们用肉眼看不见。如图 1.1-5 所示,笔记本放置在桌子上,笔记本对桌面有压力的作用,所以桌面会发生微小的变形,只是我们肉眼看不见。

图 1.1-5　笔记本放置在桌面

在土木工程力学中,**力的作用方式一般有拉力或压力、吸引力两种**。当两个物体相互接触且发生弹性形变时,它们之间相互产生拉力或压力,如起重机和构件之间的拉力、压路机与地面之间的压力,如图 1.1-6 所示;物体抛出地表又能回落到地表是因为地球对物体有吸引力,对物体来说,这种吸引力就是重力。地球对月球的引力如图 1.1-7 所示。

图 1.1-6　压路机碾压路面

图 1.1-7　地球对月球的引力

三、力的三要素

1. 力的大小

力的大小是指物体间**相互作用的强弱程度**,力大则力对物体的作用效果也明显,力小则力对物体的作用效果也微弱。力的大小可以用测力器测定。在国际单位制中,力的度量单位是牛顿(N),工程中常用千牛顿(kN)。

$$1kN = 1000N$$

做一做

用方向和作用点相同、大小不同的两个力 F_1 和 F_2($F_1 > F_2$)分别作用在木块上,观察木块运动状态的变化,如图 1.1-8 所示。

实践证明:$F_1 > F_2$,那么木块在 F_1 作用下的运动速度会比在 F_2 作用下的运动速度_____。

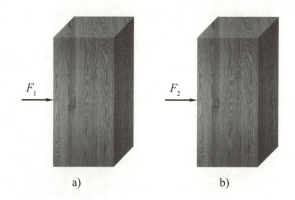

图 1.1-8　方向和作用点相同、大小不同的两个力作用在木块上

2. 力的方向

力的方向是指力的方位(如水平方位)和指向。**力的作用方向不同,对物体产生的效果也不同。**

 做一做

用大小和作用点相同、方向不同的两个力 F_1 和 F_2 推动木块,观察木块运动状态的变化,如图 1.1-9 所示。

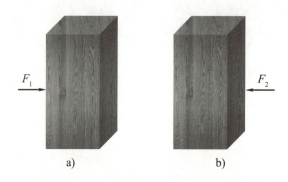

图 1.1-9　大小和作用点相同、方向不同的两个力作用在木块上

实践证明:用同样大小的力推动木块,从木块_____边推,木块向_____运动[图 1.1-9a)],从木块_____边推,木块向_____运动[图 1.1-9b)]。

3. 力的作用点

力的作用点是指力作用在物体上的位置。力的**作用点不同,对物体产生的效果也不同。**

 做一做

用大小和方向相同、作用点不同的两个力 F_1 和 F_2 分别作用在木块上,观察木块运动状态的变化,如图 1.1-10 所示。

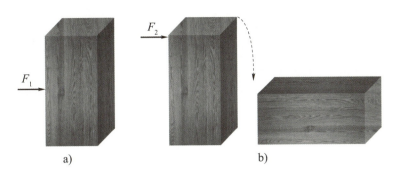

图 1.1-10　大小和方向相同、作用点不同的两个力作用在木块上

实践证明:对木块施以同样大小和方向的力,若作用点位置较_____,则木块将向_____移动[图 1.1-10a)],若作用点位置较_____,则木块将_____[图 1.1-10b)]。

综上:力的**大小、方向、作用点**决定了力对物体的作用效果,这三个因素中的任意一个因素有变动,都会直接影响力对物体的作用效果。因此,我们把力的大小、方向和作用点称为**力的三要素**。要表述两个力是相同的,一定要表述清楚两个力的三要素均相同。

四、力的表示方法和性质

1. 力的表示方法

力是一个既有大小又有方向的量,因此**力是矢量**。我们可以用一个带箭头的线段来表示力,如图 1.1-11 所示,按一定比例尺寸画出的线段的长度表示力的大小,线段的方位和箭头的指向表示力的方向,线段的起点或终点表示力的作用点。代表力矢量的符号用黑斜体字母表示,如 F、N;有时为了方便,也可在细体字母上加一箭线来表示力矢量,如 $\vec{F}$、$\vec{N}$。各种力的表示方法如图 1.1-12 所示。

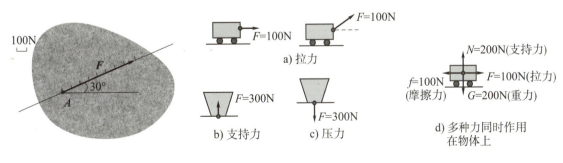

图 1.1-11　力的矢量表示　　　　图 1.1-12　各种力的表示方法

2. 力的性质

(1)**物质性**。力是物体对物体的作用,一个物体受到力的作用,一定有另一个物体对

它施加这种作用,力是不能摆脱物体而独立存在的。

(2) **相互性**。任何两个物体之间的作用总是相互的,施力物体同时也一定是受力物体。只要一个物体对另一个物体施加了力,受力物体反过来也肯定会给施力物体一个力。

(3) **矢量性**。力是矢量,既有大小又有方向。

(4) **同时性**。力同时产生,同时消失。

(5) **独立性**。一个力的作用并不影响另一个力的作用。

刚体

五、刚体

我们知道,日常生活中的物体在外力作用下会产生变形,典型的例子有橡皮泥和弹簧等。而实际工程中构件的变形,通常都非常微小,在许多情形下,可以忽略不计。

如图 1.1-13 所示,桥式起重机工作时,由于起重物体与它自身的重量会使桥梁产生微小的变形,但这个微小的变形对于应用平衡条件求支座反力几乎毫无影响,因此,可以把桥式起重机看成是不变形的刚体。

图 1.1-13 桥式起重机

刚体是指在任何情况下都不发生变形的物体。显然,这是一个抽象化的模型,实际上并不存在这样的物体。这种抽象化的方法,在研究问题时是非常必要的。因为只有**忽略一些次要的、非本质的因素,才能充分揭露事物的本质**。

将物体抽象为刚体是有条件的,这与所研究问题的性质有关。**在研究物体运动状态时,我们将讨论的所有物体都视为刚体**。在所研究的问题中,当物体的变形成为主要因素时,就不能再把物体看成是刚体,而要看成变形体。

任务实施

区分力的外效应和内效应

请分析图 1.1-14 中的场景属于力的内效应还是力的外效应。

a) 两车相撞　　　　　　b) 运动员举重

c) 守门员将球扑出　　　d) 运载火箭升空

e) 钢筋的弯曲　　　　　f) 手推购物车

图 1.1-14　任务 1.1.1 图

 任务分析

分析依据如图 1.1-15 所示。

图 1.1-15　分析依据

图 a) 两车相撞,导致车身在力的作用下形状发生了改变,故属于力的内效应。

图 b) 运动员举重,杠铃在力的作用下运动状态发生了改变,故属于力的外效应。

图 c) 守门员将球扑出,足球在力的作用下运动状态发生了改变,故属于力的外效应。

图 d) 运载火箭升空,火箭在力的作用下运动状态发生了改变,故属于力的外效应。

图 e) 钢筋的弯曲,钢筋在力的作用下形状发生了改变,故属于力的内效应。

图 f) 手推购物车,购物车在力的作用下运动状态发生了改变,故属于力的外效应。

任务训练

见本教材配套的学习任务单1.1(1)和学习任务单1.1(2)。

任务1.2 静力学公理应用

静力学公理

案例导入

2022年4月11日,仁怀市茅台镇元和酒厂扩建技改项目4号塔式起重机在调试过程中,发现北面的2组基础高程比南面低10mm,需要在北面的2组基础上加钢垫板调整,于是地面指挥员联系塔式起重机司机将小车回收(往南),让塔式起重机往南面倾斜便于往塔式起重机底座下加钢垫板。

当小车回收(往南)约2m时,由于塔式起重机配重不均衡,使4号塔式起重机整体开始向南面倾斜,导致塔式起重机底部断裂,倒向塔式起重机南侧元和酒厂原有生产车间,造成两栋生产车间屋面两榀木屋架损坏,塔式起重机起重臂、平衡臂损坏,正在塔式起重机操作室作业的1名工人随坍塌的塔式起重机坠落,如图1.2-1所示。

那么,塔式起重机为什么会侧翻?为了回答这一问题,我们要先掌握平衡的概念及物体处于平衡状态需满足的条件。

图1.2-1 塔式起重机侧翻事故

 思考回答

1. 塔式起重机在工作过程中是如何保持平衡的?

2. 引起塔式起重机侧翻的原因是什么?

3. 请联系日常生活,举例说明哪些物体是平衡的。

理论知识

一、平衡的概念

平衡一般是指物体相对于惯性参考系**保持静止**或者**做匀速直线运动**的状态。正常情况下静止的桥梁(图1.2-2)、水塔、房屋以及匀速吊装的构件(图1.2-3),它们相对于地球都是处于平衡状态的。

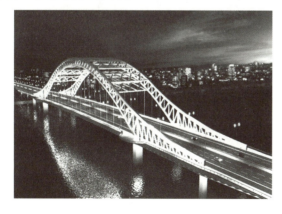

图1.2-2 静止的桥梁

图1.2-3 匀速吊装的构件

一般来说,同时作用在一个物体上的所有力的集合称为**力系**。物体在不同力系的作用下一般会产生各种不同的运动。要使物体处于平衡状态,就必须使作用于物体上的力

系满足一定的条件,这些条件被称为力系的**平衡条件**。使物体处于平衡状态的力系称为**平衡力系**。物体在各种力系作用下的平衡条件在土木工程中有着广泛的应用。

二、静力学公理

静力学公理是人们在长期生活和生产实践中总结概括出来的最基本的力学规律。这些公理简单易懂,不需要证明而被公认,它们是研究力系平衡条件的基础。

1. 二力平衡公理

作用于刚体上的两个力(图 1.2-4),使刚体处于平衡的必要与充分条件是:①**大小相等**;②**方向相反**;③**作用在同一条直线上**,这就是二力平衡公理。

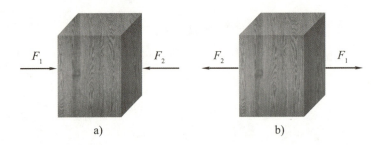

图 1.2-4 两个力作用在同一刚体上

这条公理说明了一个物体在两个力作用下处于平衡状态时应满足的条件。对刚体来说,这个条件是必要与充分的;但对于变形体,这个条件是不充分的。如当软绳受两个等值、反向的拉力作用时,可以平衡,如图 1.2-5a)所示。当软绳受两个等值、反向的压力作用时,就不能平衡了,如图 1.2-5b)所示。

图 1.2-5 两个力作用于软绳上

只在两个力作用下处于平衡状态的构件称为**二力构件**,若为杆件,则称为**二力杆**。工程上存在着许多二力构件。二力构件的受力特点是**两个力必沿作用点的连线**。

如图 1.2-6 所示,桥梁的桁架中的斜向直杆 AB(杆自重忽略不计),仅在其 A、B 两端受到 F_1、F_2 两个力作用,这两个力的作用点在一条直线上,且为二力的作用线,这两个力必等值、反向,否则构件无法保持平衡。

2. 作用与反作用公理

两个物体间的作用力和反作用力总是**同时存在**,它们**大小相等,方向相反,沿同一直**

线,并分别作用在这两个物体上,这就是**作用与反作用公理**。

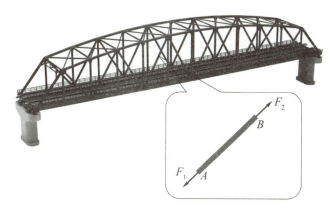

图1.2-6　桥梁桁架中的二力杆

如图1.2-7所示,在火箭发射过程中,火箭靠向下喷气产生的反作用力而升空;在游蛙泳的时候,人靠双脚向后蹬水而向前运动;在划船的时候,船靠船桨向后划水而向前运动。

图1.2-7　生活中作用力与反作用力现象

这条公理概括了自然界中物体之间相互作用力的关系,表明一切力总是成对出现的,有作用力就必有反作用力。

> 作用与反作用公理又称为牛顿第三定律,是牛顿在《自然哲学的数学原理》中提出的关于物体运动的三个基本定律之一,这条定律是在实验的基础上得出的,是被公认的宏观自然规律。

小贴士

作用与反作用公理和二力平衡公理的异同见表 1.2-1。

作用与反作用公理和二力平衡公理的异同　　　　　表 1.2-1

对象		一对作用力和反作用力	一对平衡力
相同点		大小相等、方向相反，作用在同一直线上	
不同点	作用对象	分别作用在两个物体上	作用在同一个物体上
	作用时间	同时产生，同时变化，同时消失	不一定同时产生、变化、消失
	力的性质	一定是相同性质的力	不一定是相同性质的力
	作用效果	作用效果不能抵消，不能合成	作用效果可以抵消，合力为零

3. 平行四边形法则和三角形法则

作用于物体上同一点且不共线的两个力，可以合成为一个合力，合力的作用点仍为该点，合力的大小和方向，由以这两个力为邻边构成的平行四边形的对角线来表示。这种求合力的方法，称为力的平行四边形法则。如图 1.2-8a)所示，以 F 表示合力，以 F_1、F_2 表示原来的两力(称为分力)。

这种合成力的方法，称为**矢量加法**，如图 1.2-8b)所示，合力 F 称为 F_x、F_y 这两力的**矢量和**。可以用公式表示为

$$F = F_x + F_y \tag{1.2-1}$$

注意：式(1.2-1)是矢量等式，它与代数等式 $F = F_x + F_y$ 的意义完全不同，不能混淆。

但是以一条已知线段作为平行四边形的对角线，可以作出无数个符合要求的平行四边形，如图 1.2-8c)所示。由此可见，将一个已知力分解为两个力会得出无数种答案，具有不确定性。**因此，在工程中，为了统一，在求一个力的分力时，我们都把它放在平面直角坐标系中进行分解。**

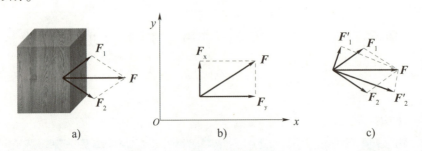

图 1.2-8　力的合成与分解

为了方便，在用矢量加法求合力时，往往不必画出整个平行四边形。如图 1.2-9b)所示，可以从 A 点作一个与 F_1 大小相等、方向相同的矢量 AB，过 B 点作一个与力 F_2 大小相

等、方向相同的矢量 **BC**,则 **AC** 即表示 F_1、F_2 的合力 F_R。这种求合力的方法,称为**力的三角形法则**,即**两分力首尾相连,合力从第一个分力起点指向第二个分力终点**。但应注意,力三角形只表明力的大小和方向,它不表示力的作用点或作用线。

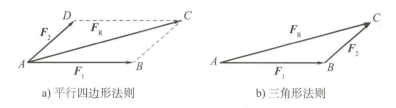

a) 平行四边形法则　　　　　　　b) 三角形法则

图 1.2-9　力的四边形法则和三角形法则

【案例】　黄浦江上最美的大桥——南浦大桥,如图 1.2-10 所示。南浦大桥的引桥为何这么长？这是因为短的引桥下滑力大,上坡时,下滑力阻碍汽车向上行驶；下坡时,下滑力又使汽车加速下滑。根据平行四边形法则可知,斜面的倾角减小可使汽车所受重力沿桥面向下的分力减小,即下滑力减小。所以,高大的桥要建很长的引桥,可达到行车安全和舒适的目的。

图 1.2-10　南浦大桥的引桥

4. 加减平衡力系公理

作用于同一刚体上的已知力系中,加上或去掉任何一对平衡力系,都不改变原力系对刚体的作用效果,这就是加减平衡力系公理。

如图 1.2-11 所示,$F = F_1 = F_2$,在力 F 作用线的任一点 B 处增加平衡力系(F_1、F_2)[图 1.2-11b)],不改变力 F 对刚体的作用；在图 1.2-11b)的力系的基础上,去掉平衡力系(F_1,F)[图 1.2-11c)],也不改变原力系(F,F_1,F_2)对刚体的作用。

由此可见,平衡力系对于刚体的平衡或运动状态没有影响,即平衡力系对刚体的作用效果为零。这个公理常被用来简化某一已知力系。

如图 1.2-12 所示,在天平的两边,分别放着砝码和一杯水,此时天平正好保持平衡。取两块相同的木头,分别放在天平两端,很明显,天平依然能保持平衡。把天平的左右两端看成是一个整体,水的质量 = 砝码的质量,所以水的质量 + 木块的质量 = 砝码的质量 + 木块的质量。

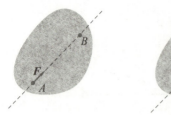 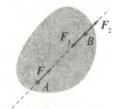 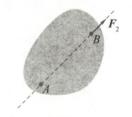

a) 力 F 对刚体的作用　　b) 加平衡力系 (F_1, F_2) 之后　　c) 减平衡力系 (F_1, F) 之后

图 1.2-11　在刚体上加减平衡力系

图 1.2-12　天平称物

应用二力平衡公理

如图 1.2-13 所示,杂技演员头顶大缸,就像缸粘在头顶上一样,这时缸处于平衡状态,那么缸受到哪些力的作用?为什么会处于平衡状态?

图 1.2-13　杂技演员头顶大缸

任务分析

第一步　受力分析。

杂技演员头顶大缸,此时缸受到两个力的作用,一个是缸的重力 W,另一个是头顶对

缸的支撑力 F_N，如图 1.2-14 所示。

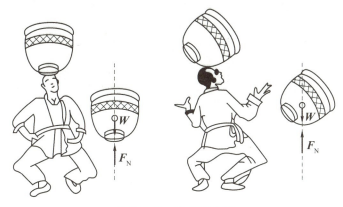

图 1.2-14　受力分析图

第二步　分析所受的作用力之间的关系。

由于缸处于平衡状态，故缸的重力 W 和头顶对缸的支撑力 F_N 大小相等，方向相反，且杂技演员随着缸的晃动而不断变换身体的位置，其目的就是使缸的重力 W 的作用线和头顶对缸的支撑力 F_N 的作用线在同一条直线上，以保持缸的平衡。

第三步　得出结论。

因为缸的重力 W 和头顶对缸的支撑力 F_N 是一对平衡力，故缸处于平衡状态。

区分二力平衡公理和作用与反作用公理

体育课上，有几名学生在地面上骑独轮车，独轮车处于平衡状态，如图 1.2-15a) 所示。试问地面对轮子的支持力 F_N 与轮子对地面的压力 F'_N[图 1.2-15b)]、地面对轮子的支持力 F_N 与学生和轮子的重力 W[图 1.2-15c)]有何关系？

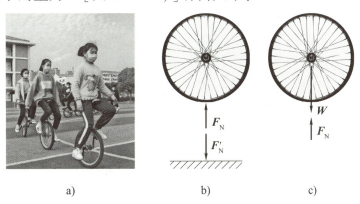

a)　　　　　　　b)　　　　　　　c)

图 1.2-15　骑独轮车及其受力分析

任务分析

第一步　分析地面对轮子的支持力 F_N 与轮子对地面的压力 F'_N 之间的关系。

学生在地面上骑独轮车向前匀速运动，轮子对地面有一个作用力 F'_N，而地面对轮子同时也有一个作用力 F_N，因此力 F_N' 与 F_N 的大小相等，方向相反，沿同一直线，分别作用在地面和轮子上，故 F_N' 与 F_N 是一对作用力与反作用力。

第二步 分析地面对轮子的支持力 F_N 与人和轮子的重力 W 的关系。

轮子上作用着两个力 W 和 F_N，如图 1.2-15c) 所示。W 是人和轮子的重力，F_N 是地面对轮子的作用力，因轮子在竖直方向处于平衡状态，**故作用在轮子上的两个力 W 和 F_N 是一对平衡力。**

应用平行四边形法则

如图 1.2-16 所示，试分析：一个人提水与两个人抬水有什么区别？

图 1.2-16　一个人提水和两个人抬水

 任务分析

第一步 分析一人提水时的受力情况。

一个人提水时，水桶受到两个力的作用，一个是水桶的重力 W，另一个是手对水桶的力 F，如图 1.2-17a) 所示。

第二步 分析两人抬水时的受力情况。

两个人抬水时，水桶受到三个力的作用，分别为水桶的重力 W，以及两个人的手分别对水桶的力 F_1 和 F_2，如图 1.2-17b) 所示。

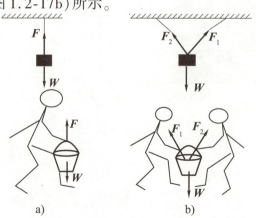

图 1.2-17　提水和抬水受力分析图

第三步 进行比较,得出结论。

一个人对水桶的作用力 F,相当于两个人分别对水桶的作用力 F_1、F_2 之和。即 F 为力 F_1、F_2 的合力。因此,一个人提重力为 W 的一桶水或者两个人抬重力为 W 的一桶水,都能使水桶处于平衡状态。

应用加减平衡力系公理

如图 1.2-18 所示,用同样大小的力 F 推车[图 1.2-18a)]和拉车[图 1.2-18b)],车的运动效果是否相同?

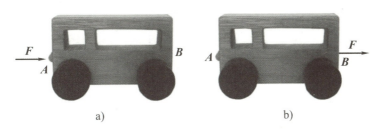

图 1.2-18 用同样大小的力推车和拉车

🔬 任务分析

第一步 分析用力 F 推车,小车的运动状态。

用推力 F 作用于小车的 A 点,如图 1.2-18a)所示,小车向右运动。

第二步 分析用力 F 拉车,小车的运动状态。

用大小、方向均相同的拉力 F 作用于 B 点(A、B 两点在同一直线上),如图 1.2-18b)所示,小车向右运动。

第三步 进行比较,得出结论。

力可沿其作用线移动的性质,**使得推车和拉车的运动效果相同**。

力的可传性原理:作用在刚体上的力可沿其作用线移动到刚体内任意一点,而不改变力对刚体的作用效果。

任务训练

见本教材配套的学习任务单 1.2。

任务1.3　认识约束与约束力

案例导入

如图 1.3-1 所示,湄洲湾跨海大桥是国内首座跨海高铁矮塔斜拉桥,全长 14.7km,其中 10km 位于海上,海域路线长、工程量大、工程难度高。海上桥梁施工要应对雨季、大风、台风等恶劣天气,该桥于 2021 年 11 月 13 日成功合龙。湄洲湾跨海大桥合龙标志着福厦高速铁路关键控制性节点顺利打通,"乘坐高铁看海"的愿望即将实现。

在桥梁施工过程中,为什么支撑在桥墩上的桥身掉不下来?要回答这一问题,我们要先了解约束及约束反力的概念。

图 1.3-1　湄洲湾跨海大桥

1. 桥墩对桥身起着怎样的约束?

_____

_____

2. 请联系日常生活,举例说明物体受到的约束。

_____

_____

_____

理论知识

一、约束与约束力

我们把能够在空间自由运动的物体称为**自由体**,例如:飞行的飞机(图1.3-2)、炮弹和火箭等。反之把位移受到某些限制的物体称为**非自由体**,例如:悬挂着的吊灯在绳索拉力的作用下,灯不能离开绳索向下运动(图1.3-3)。

图 1.3-2　飞行的飞机

图 1.3-3　悬挂的吊灯

阻碍非自由体运动的限制条件称为非自由体的**约束**。这些限制条件来自被约束物体周围的其他物体。因此,为了便于说明,将构成约束的周围物体本身也称为约束。例如,绳索就是灯的约束。既然约束能限制物体的运动,也就能改变物体的运动状态,因此,约束对物体的作用力称为**约束力**,简称为反力。如图 1.3-4 所示,F_T 就是绳索对灯的约束力。

一般情况下,**物体总是同时受到主动力和约束力的作用**,如表 1.3-1 所示。主动力通常是已知的,而约束力则是未知的。因此,正确地分析约束力是对物体进行受力分析的关键。

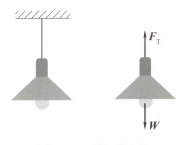
图 1.3-4　吊灯受力图

物体受到的力的类型　　　　　　　　　　　　　　　　　表 1.3-1

类型	约束力	主动力
定义	由主动力引起,抵抗主动力的作用而产生的力	使物体运动或使物体具有运动趋势的力
举例	绳索对吊灯的拉力等	重力、风压力、推力等
条件	未知	已知

二、工程中常见的约束

工程中约束的种类很多,对于一些常见的约束,按其所具有的特性,可以归纳成下列几种基本类型。

1. 柔性约束

由绳索、链条、皮带等柔性体对物体构成的约束称为**柔性约束**。由于柔索只能承受拉力,不能承受压力,所以它们只能限制物体沿着柔性体伸长方向的运动。因此,**柔索对物体的约束力,作用在接触点,方向沿柔索中心线,背离物体提供拉力**,常用字母 F_T 表示,如图 1.3-5 所示。

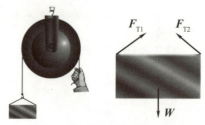

图 1.3-5　柔性约束及其约束力

2. 光滑接触面约束

当两物体接触面之间的摩擦力小到可以忽略不计时，可将接触面视为理想光滑的约束。不论接触面是平面或曲面，都不能限制物体沿接触面切线方向的运动，只能限制物体沿着接触面的公法线指向约束物体方向的运动。因此，光滑接触面对物体的约束力是：**通过接触点，沿着接触面公法线方向，指向受力物体**。这类约束力也称法向反力，通常用 F_N 表示，如图 1.3-6 所示。

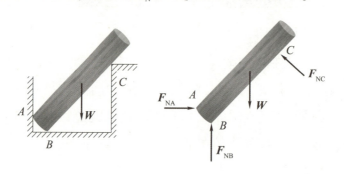

光滑接触面约束

图 1.3-6　光滑接触面约束及其约束力

3. 链杆约束

在土木工程力学中，把不计自重且两端用光滑销钉与物体相连的直杆称为**链杆**。如图 1.3-7a) 所示，把杆 BC 视为链杆。链杆只能限制物体沿着链杆的轴线方向的运动，而不能限制其他方向的运动。所以，链杆的约束力的作用线沿链杆轴线方向，可能是拉力，也可能是压力，如图 1.3-7b) 所示，F_{RB} 是杆 BC 作用于杆 AB 的约束力，F_{RC} 是杆 BC 作用于杆 CD 的约束力。

链杆约束

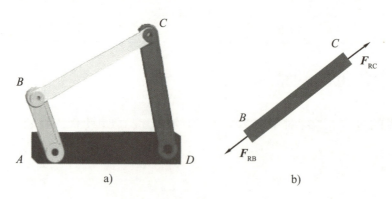

图 1.3-7　链杆约束及其约束力

4. 圆柱形铰链约束

圆柱形铰链简称铰链，常见的门窗的合页就是这种约束 [图 1.3-8a)]。理想的圆柱形铰链是由一个圆柱形销钉插入两个物体的圆孔中构成的

圆柱形铰链约束

[图1.3-8b)],且认为销钉与圆孔的表面很光滑,销钉不能限制物体绕销钉转动,只能限制物体在垂直于销钉轴线的平面内沿任意方向的移动。

图1.3-8　圆柱形铰链约束

圆柱形铰链约束力垂直于销钉轴线,用两个相互垂直的未知力 F_x、F_y 来表示,圆柱形铰链的计算简图如图1.3-9a)所示,约束力如图1.3-9b)所示。

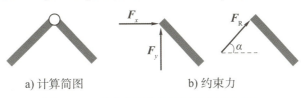

a) 计算简图　　　　b) 约束力

图1.3-9　圆柱形铰链计算简图及其约束力

5. 支座约束

工程中把构件连接在墙、柱、基础等支承物上的装置称为**支座**。支座对构件的约束力称为支座约束。**工程中的支座通常可简化为三种:可动铰支座、固定铰支座和固定端支座。**

(1) 可动铰支座。

如图1.3-10所示,房屋建筑中常将横梁支承在砖墙上,砖墙是横梁的支座,这种支座对横梁起着怎样的约束作用呢?

图1.3-10　横梁支承在砖墙上

可动铰支座

固定铰支座

砖墙只能限制横梁沿垂直于支承面方向的移动,不能限制梁绕墙体转动和沿支承面方向的移动,我们把这种支座称为**可动铰支座**。可动铰支座的结构简图如图1.3-11a)所示,可动铰支座对构件的约束力通过构件与支承面,并垂直于支承面,方向可能向上,也可能向下。可动铰支座的计算简图如图1.3-11b)所示,其约束力常用字母 F_N 表示[图1.3-11c)]。

(2) 固定铰支座。

将构件用圆柱形销钉与支座连接,并将支座固定在支承物上,就构成了**固定铰支座**,

固定铰支座的结构简图如图 1.3-12a)所示。因构件受到上、下、左、右移动的限制,即固定铰支座产生两个方向的约束力,其计算简图如图 1.3-12b)所示,约束力常采用两个互相垂直的未知力 F_x、F_y 表示,也可以用一个大小和方向均未知的力 F_R 表示[图 1.3-12c)]。

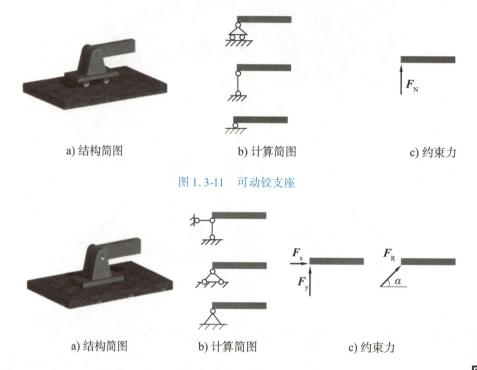

　　a) 结构简图　　　　　b) 计算简图　　　　　c) 约束力

图 1.3-11　可动铰支座

　　a) 结构简图　　　　　b) 计算简图　　　　　c) 约束力

图 1.3-12　固定铰支座

(3) 固定端支座。

钢筋混凝土框架结构中,大多阳台呈悬挑形式,它的一端悬空,另一端与框架结构现浇后固定在一起,如图 1.3-13 所示。框架结构对阳台悬挑梁起着怎样的约束作用呢?

图 1.3-13　悬挑阳台

构件与支承物固定在一起,构件在固定端既不能沿任何方向移动,同时也不能转动,这种支座称为**固定端支座**。固定端支座的结构简图如图 1.3-14a)所示,其计算简图如图 1.3-14b)所示,固定端支座的约束力有三个未知数:作用于固定处的水平约束力 F_x 和竖向约束力 F_y,还有一个阻止构件转动的力偶,其力偶矩用 M_c 表示,如图 1.3-14c)所示。

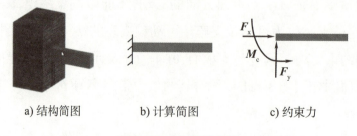

　　a) 结构简图　　　　　b) 计算简图　　　　　c) 约束力

图 1.3-14　固定端支座

工程中常见的约束类型及约束力如表 1.3-2 所示。

工程中常见的约束类型及约束力　　　　　表 1.3-2

约束名称	约束性能	实例	结构简图	约束力 图示	约束力 方向	未知数个数
柔性约束	只能受拉,不能受压		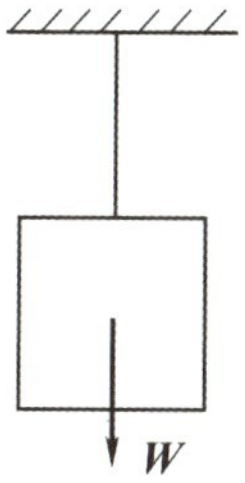	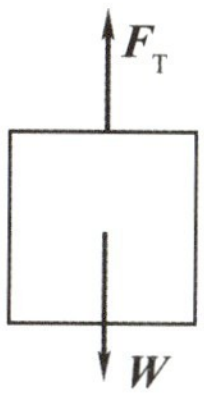 F_T / W	过接触点,沿柔性体中心线,背离被约束物体	1
光滑接触面约束	限制沿光滑面的垂线并指向光滑面的运动,不限制沿着光滑面或离开光滑面的运动	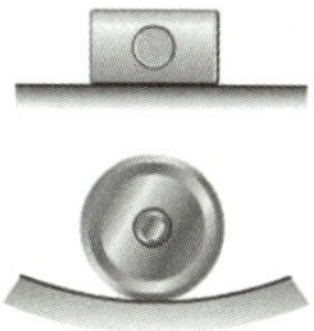	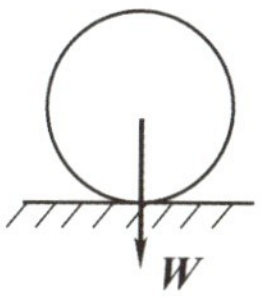	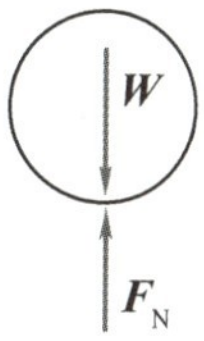 W / F_N	过接触点,沿接触面垂直方向,指向被约束物体	1
链杆约束	限制沿链杆方向的移动,不限制其他方向的运动		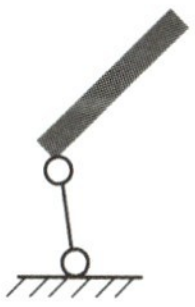	 F_R	沿链杆轴线方向,指向不定,可能是拉力,也可能是压力	1
圆柱形铰链约束	限制移动,不限制绕销钉的转动			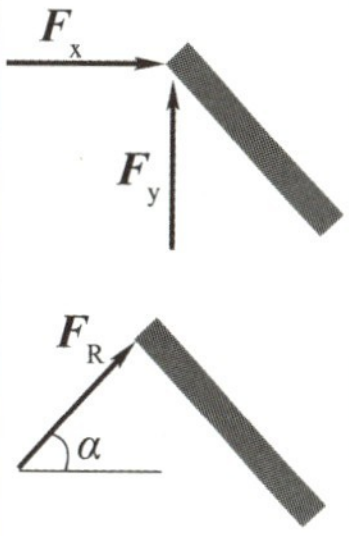 F_x, F_y, F_R, α	过销钉中心,垂直于销钉轴线,方向不定	2
可动铰支座约束	限制沿垂直于支承面方向的移动,不限制绕销钉的转动和沿支承面方向的移动			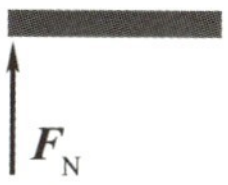 F_N	过销钉中心,垂直于支承面方向,指向不定	1

续上表

约束名称	约束性能	实例	结构简图	约束力 图示	约束力 方向	未知数个数
固定铰支座约束	限制移动,不限制绕销钉的转动			F_x、F_y、F_R	过销钉中心,方向不定	2
固定端支座约束	限制移动和转动			F_x、F_y、M_C	除了水平约束力与竖向约束力外,还有一个力偶,方向均不定	3

任务实施

认 识 链 杆

在日常生活中,经常会看到如图 1.3-15 所示的三角支架,试分析直杆 BC 对横杆 AB 起着怎样的约束作用呢?

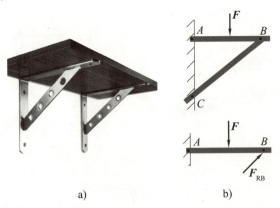

图 1.3-15　三角支架及其受力图

任务分析

第一步　分析直杆 BC 对横杆 AB 的约束作用。

直杆 BC 只能限制杆 AB 沿杆 BC 的轴线方向的运动,而不能限制杆 AB 其他方向的运动。

第二步 确定约束的类型。

由于在土木工程力学中把不计自重且两端光滑地与物体相连的直杆称为链杆,所以把图 1.3-15a)中杆 BC 视为链杆。

第三步 受力分析。

链杆的约束力沿链杆轴线方向,指向不定。图 1.3-15b)中的 F_{RB} 就是杆 BC 作用于横杆 AB 的约束力。

认识固定铰支座

在房屋建筑中经常会看到如图 1.3-16 所示的屋架,其端部支承在柱子上,通过预埋在屋架和柱子上的两块垫板间的焊缝连接。那么,柱子对屋架起着怎样的约束作用呢?

 任务分析

第一步 分析柱子对屋架的约束作用。

如图 1.3-17 所示,因为屋架受到上、下、左、右移动的限制,所以屋架不可能上、下、左、右移动。因为焊缝不长,屋架可以产生微小的转动。

第二步 确定约束的类型。

柱子为屋架的支座。屋架的这种约束就是固定铰支座约束。

第三步 受力分析。

固定铰支座有两个方向的约束力,其大小未知,因此,采用两个互相垂直的未知力 F_{Ax}、F_{Ay} 表示,如图 1.3-18 所示。

  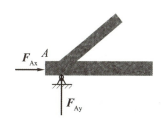

图 1.3-16 屋架　　　图 1.3-17 屋架计算简图　　　图 1.3-18 屋架受力图

 **知识拓展**

> 在高速公路[图 1.3-19a)]、高速铁路、市政高架桥等实际工程中,但凡涉及桥梁的地方就有支座,如图 1.3-19b)所示。我们可以把它想象为人体的膝关节,如图 1.3-19c)所示。桥梁支座就是连接桥梁上部结构和下部桥墩的"膝关节",它不仅可以将上部荷载传递给桥墩,而且还可以灵活变形,使桥梁保持安全、稳定。

| 工程力学基础

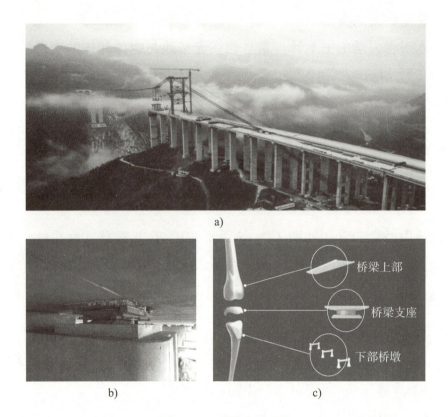

图 1.3-19 桥梁中的支座

任务训练

见本教材配套的学习任务单 1.3。

任务 1.4 受力图绘制

案例导入

我们都知道高空走钢丝是一项非常难的杂技运动,要有超强的平衡感和足够的胆量。那你有听说过阿迪力·吾休尔吗？他手拿长杆,脚下踩着只有晒衣服的绳子那般粗细的钢丝却如履平地,自如地做着走、跳、卧等动作。他曾经创下过 5 项高空走钢丝的吉尼斯世界纪录,名扬全世界,因此被称为中国高空走钢丝第一人,至今无人能打破他所创造的"高空"神话。如图 1.4-1 所示为阿迪力·吾休尔在表演走钢丝。

那么,阿迪力·吾休尔在走钢丝时为什么能保持平衡？要回答上述问题,我们先要了解**分离体、受力图的概念**。

图 1.4-1　阿迪力·吾休尔在表演走钢丝

理论知识

一、单个物体的受力图

单个物体的受力图

物体究竟处于什么运动状态是由它所受力的作用效果决定的,要判断力的作用效果,首先应确定物体到底受到了哪些力的作用。

进行受力分析前必须要明确对哪一个物体或构件进行受力分析,即需要**明确研究对象**。为了分析研究对象的受力情况,又必须弄清研究对象与哪些物体有联系,受到哪些力的作用,这些力是由什么物体施加的,哪些是已知力,哪些是未知力。为此,需要将研究对象从其周围物体中脱离出来。被脱离出来的研究对象称为**分离体**。在分离体上画出周围物体对它的全部作用力(包括主动力和约束力),这样的图形就称为**受力图**。受力图是对物体进行力学计算的依据,必须**准确无误**。

如上述案例所述,我们的目的是要弄清楚人在走钢丝时为什么能保持平衡,所以**研究对象是人**。将人从周围物体中脱离出来单独分析可知,**人要想在钢丝上行走,必须保证人的重心与 F_N、W 共线**,如图 1.4-2 所示。为了完成走钢丝的演出,杂技演员需要经过长期的刻苦训练,才能获得保持平衡的能力。

在实际工程中,所遇到的几乎都是几个物体或构件相互联系的情况。例如,楼板搁在梁上,梁支承在墙上,墙支承在基础上,基础搁在地基上。因此,要先明确对哪一个物体进行受力分析,从而绘制受力图。

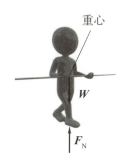

图 1.4-2　走钢丝受力分析图

二、简单物体系统的受力图

物体系统的受力图画法与单个物体的受力图画法基本相同,区别只在于物体系统的研究对象是由两个或两个以上的物体联系在一起的。研究时,只需将物体系统看为一个整体,就像对单个物体一样。此外,当需要画出物体系统中某单个物体的受力图时,可把它从连接处拆开,即从系统中分离出来,并加上相应的约束力。应该要注意的是:约束力作为物体间的相互作用,也一定要遵循作用与反作用公理。

三、受力图的绘制步骤

选取合适的研究对象与正确画出物体受力图是解决力学问题的前提和依据,是进行力学计算的首要步骤,如有失误,将导致整个计算结果错误。受力图绘制步骤如下:

第一步　确定研究对象,将其单独脱离出来。
第二步　画主动力。主要包括重力和研究对象所受的已知外力。
第三步　画约束力。根据约束类型,将约束一一解除,画出其对应的约束力。
第四步　检查(力的名称与方向)。

任务实施

分析小球的受力情况

如图1.4-3所示,将小球用绳索系在墙上,假设小球受到的重力为 W,试画出小球的受力图。

图1.4-3　绳索系小球

任务分析

第一步　确定研究对象。选取小球为研究对象,将小球脱离出来进行受力分析,如图1.4-4a)所示。

第二步　画主动力。主动力为重力 W,竖直向下,作用点在小球质心 O,如图1.4-4b)所示。

第三步　画约束力。一是小球通过绳索和墙体连接,故小球在 A 点受到柔性约束,解除约束,画出约束力 F_T,作用于 A 点,方向沿绳索背离小球;二是小球与墙面属于光滑接触面约束,解除约束,画出约束力 F_{NB},作用点为接触点 B,方向垂直于墙面指向小球,如图1.4-4c)所示。

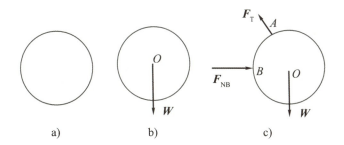

图 1.4-4　小球受力分析图

第四步　检查(力的名称与方向)。

分析梁的受力情况

在实际工程结构中,要求梁在支承端处不得有竖向和水平方向的运动,为了反映墙对梁端部的约束性能,可以把梁的一端视为固定铰支座,将另一端视为可动铰支座来分析。在工程上称这种梁为简支梁。如图 1.4-5 所示。试画出梁的受力图。

图 1.4-5　简支梁

第一步　确定研究对象。选梁为研究对象,将梁脱离出来进行受力分析,如图 1.4-6a)所示。

第二步　画主动力。受到的主动力为均布荷载 q,如图 1.4-6b)所示。

第三步　画约束力。梁在 A、B 两端分别有固定铰支座(A 点)、可动铰支座(B 点)与基础固定,现将这两处约束解除,画出对应的支座约束力,这样就得到了梁的受力图,如图 1.4-6c)所示。

第四步　检查(力的名称与方向)。

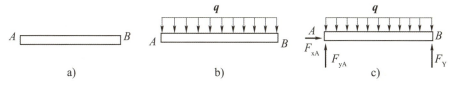

图 1.4-6　简支梁受力分析

分析三铰拱的受力情况

三铰拱 ACB 受已知力 F 的作用,如图 1.4-7 所示。如不计三铰拱的自重,试画出 AC、BC 和整体(AC 和 BC 一起)的受力图。

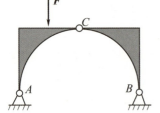

图 1.4-7　三铰拱受力图

任务分析

第一步　确定研究对象。分别取 AC、BC 为研究对象,进行受力分析。

第二步　画 BC 的受力图。取 BC 为研究对象,由 B 处和 C 处的约束性质可知,其约束力分别通过两铰中心 B、C,大小和方向未知。但因 BC 上只受 F_{RB} 和 F_{RC} 两个力的作用且平衡,因此它是二力构件,所以 F_{RB} 和 F_{RC} 的作用线一定沿着两铰中心的连线 BC,且大小相等,方向相反,其指向是假定的,如图 1.4-8a)所示。

第三步　画 AC 的受力图。取 AC 为研究对象,作用在 AC 上的主动力是已知力 F。A 处为固定铰支座,其约束力为 F_{Ax} 和 F_{Ay},C 处通过铰链与 BC 相连,由作用和反作用关系可以确定 C 处的约束力是 F'_{RC},它与 F_{RC} 大小相等,方向相反,作用线相同,AC 的受力图如图 1.4-8b) 所示。

第四步　画整体的受力图。将 AC 和 BC 的受力图合并,即得整体得受力图,如图 1.4-8c) 所示。

第五步　检查(力的名称与方向)。

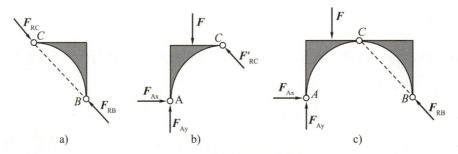

图 1.4-8　三铰拱受力分析图

任务训练

见本教材配套的学习任务单 1.4。

模块测评

本模块知识测评和目标评价见教材配套学习任务册。

模块 2　平面力系的平衡

素质目标：具备用力学知识分析、解决生活和土木工程中的简单平面力系问题的能力；养成严谨、细致的工作态度；树立安全生产、节能环保等职业意识。

知识目标：了解力系的概念及平面一般力系的分类；了解力矩的概念，理解力矩的性质；了解力偶的概念，理解力偶的性质，了解平面力偶系的平衡条件；了解平面一般力系的平衡条件。

能力目标：能计算力在直角坐标轴上的投影；能运用平面汇交力系平衡方程计算简单的平衡问题；能计算集中荷载、均布荷载的力矩。

任务 2.1　认识力的投影

力的投影

案例导入

在日常生活中如果有太阳的话，我们会发现在阳光下物体的影子是随着太阳方向的改变而改变的，影子的方向总是和太阳的方向相反。影子长短的变化是随着太阳在天空中的位置变化而变化的，太阳位置最高时（正午）影子最短［图 2.1-1b)］，太阳位置最低时（清晨和傍晚）影子最长［图 2.1-1a)和图 2.1-1c)］；同时还可以发现，上午影子逐渐变短，下午影子逐渐变长。

那么，影子的长度为什么会随着太阳的位置而变化呢？

任务：认识力在直角坐标轴上的投影。

a) 清晨

b) 正午

c) 傍晚

图 2.1-1　影子的长度

1.人的影子为什么会随着太阳的位置变化而变化？

2.举例说明生活中的投影现象。

理论知识

一、力在直角坐标轴上的投影

在力学的定量分析中，大量应用代数运算的方法。因此，需要借助坐标系将力的矢量转换为代数量。

如图 2.1-2 所示，假设力 F 作用在物体上的 A 点，用 $\overrightarrow{AB}$ 表示。在力 F 的作用平面内取直角坐标系 xOy，从力 F 的起点 A 及终点 B 分别向 x 轴作垂线，用垂足间的有向线段代表力矢量投在坐标轴上的"影子"，即在 x 轴上得到线段 ab。线段 ab 加上正号或负号即为

力 F 在 x 轴上的投影,用 F_x 表示。用同样的方法可以得到力 F 在 y 轴上的投影 $a'b'$,用 F_y 表示。

在实际运用中,坐标轴是参考轴,方位及正负向可以随意设置。同一力矢量在不同坐标轴上的投影是不同的,如图 2.1-3 所示。

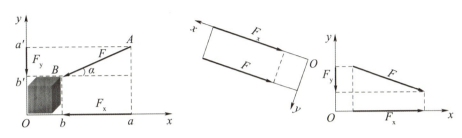

图 2.1-2　力的投影表示　　　　　图 2.1-3　坐标轴不同,力的投影不同

二、力的投影的符号规定

投影的正负号规定:投影的起点到终点的指向与坐标轴的正向一致时,该投影取正号;与坐标轴的正向相反时,该投影取负号。

对于图 2.1-4,则有:

力 F 在 x 轴上的投影:　　　　　$F_x = -F\cos\alpha$

力 F 在 y 轴上的投影:　　　　　$F_y = -F\sin\alpha$

对于图 2.1-5,则有:

力 F 在 x 轴上的投影:　　　　　$F_x = F\cos\alpha$

力 F 在 y 轴上的投影:　　　　　$F_y = F\sin\alpha$

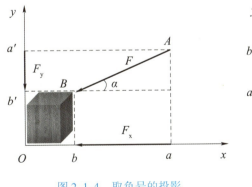

图 2.1-4　取负号的投影　　　　　图 2.1-5　取正号的投影

由以上力的投影公式可以得出力的投影的三个性质:
① 当力与坐标轴垂直时,力在该轴上的投影为零;
② 当力与坐标轴平行时,其投影的绝对值与该力的大小相等;
③ 当力平行移动后,在坐标轴上的投影不变。

但要注意的是：力在坐标轴上的投影与力沿坐标轴的分力是不相同的。力的投影是代数量，而分力是有大小、方向、作用点的矢量。

任务实施

分析各力的投影

如图 2.1-6 所示，已知 $F_1 = F_2 = 100\text{N}$，$F_3 = 120\text{N}$，$F_4 = 150\text{N}$，试求 F_1、F_2、F_3、F_4 在 x，y 轴上的投影。

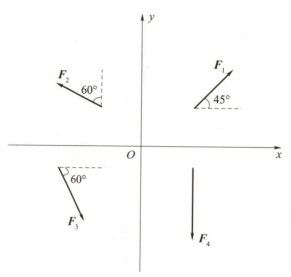

图 2.1-6　各力在 x 轴、y 轴的投影

任务分析

第一步　确定力 F 与 x 轴的夹角 α。

F_1 与 x 轴的夹角为 45°，F_2 与 x 轴的夹角为 30°，F_3 与 x 轴的夹角为 60°，F_4 与 x 轴的夹角为 90°。

第二步　判断投影的正负号。

F_1 在 x 轴方向的投影与坐标轴的正向一致，即 F_1 在 x 轴方向的投影为正，在 y 轴方向的投影也与坐标轴的正向一致，即 F_1 在 y 轴方向的投影也为正。同理，F_2 在 x 轴方向的投影为负，在 y 轴方向的投影为正；F_3 在 x 轴方向的投影为正，在 y 轴方向的投影为负；F_4 在 y 轴方向的投影为负。

第三步　按力的投影公式计算。

$F_{x1} = F_1\cos 45° = 100 \times 0.707 = 70.7(\text{N})$　　　$F_{y1} = F_1\sin 45° = 100 \times 0.707 = 70.7(\text{N})$

$F_{x2} = -F_2\cos 30° = -100 \times 0.866 = -86.6(\text{N})$　　　$F_{y2} = F_2\sin 30° = 100 \times 0.5 = 50(\text{N})$

$F_{x3} = F_3\cos60° = 120 \times 0.5 = 60(\text{N})$ $F_{y3} = -F_3\sin60° = -120 \times 0.866 = -103.9(\text{N})$

$F_{x4} = F_4\cos90° = 0$ $F_{y4} = -F_4\sin90° = -150 \times 1 = -150(\text{N})$

任务训练

见本教材配套的学习任务单 2.1。

任务 2.2　认识平面汇交力系的平衡

案例导入

2022年10月28日，位于广东海丰经济开发区生态科技城的某公司发生一起起重伤害事故，造成一名人员死亡。经事故调查组调查和综合分析，确定在此次事故中，因吊装高度限制，胡某将电动小车直接放置在主梁上一并起吊，在没有固定电动小车以防止其滑动的情况下，采用不利于保持重物平衡的单点起吊方式[图2.2-1b)]。在起吊时，胡某未观察到被起吊主梁上的电动小车最高点与用于吊装的桥式起重机主梁最低点的相对位置，起吊时发生撞碰，电动小车侧滑、整体失稳坠落。

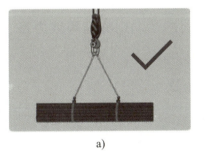
a)

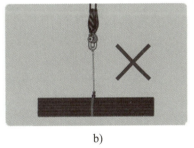
b)

图 2.2-1　起重机起吊方式

每一起安全事故的背后，都是一次血的教训，都是对安全责任血的警示。安全问题刻不容缓，一旦发生事故，其产生的影响和后果将会难以承受。因此，在建筑施工作业过程中，如何预防起重伤害事故的发生非常重要。

为什么在吊运作业时，吊运材料应绑扎牢固，且不得采用单点起吊呢？为解答这一问题我们要先认识平面汇交力系及其平衡方程。

思考回答

1.起重机起吊构件时，为了确保吊装的安全，常常会用缆绳套住构件的两端起吊，这是为什么呢?

2.吊装构件时采用两点起吊,吊钩受到哪些力的作用?

理论知识

一、力系及其类型

力系及其类型

作用于物体(包括刚体和变形体)上的所有力的集合,称为**力系**。作用在同一物体上的一群力且诸力作用线在同一平面,称为**平面力系**。平面力系分为平面汇交力系、平面任意力系、平面平行力系。平面任意力系又称平面一般力系。作用在同一物体上的一群力但作用线不在同一平面,称为**空间力系**。作用线汇交于一点,称为**汇交力系**;作用线互相平行,称为**平行力系**;作用线既不汇交又不平行,称为**任意力系**。若两力系分别使一刚体在相同的初始运动条件下产生相同的运动则称为**等效力系**。力系的分类如表 2.2-1 所示。

力系的分类 表 2.2-1

力系类别	力系名称	力系特点	图示
空间力系	空间汇交力系	作用在同一物体上但作用线不在同一平面的一群力,作用线汇交于一点	
	空间平行力系	作用在同一物体上但作用线不在同一平面的一群力,作用线相互平行	

续上表

力系类别	力系名称	力系特点	图示
空间力系	空间任意力系	作用在同一物体上但作用线不在同一平面的一群力,作用线不汇交又不平行	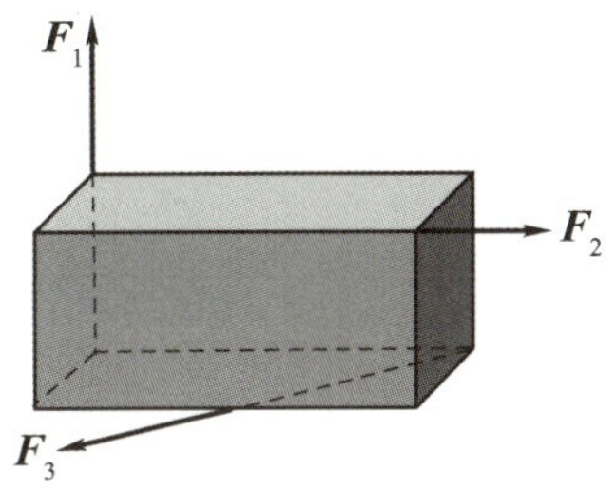
平面力系	平面汇交力系	作用在同一物体上且作用线在同一平面的一群力,作用线汇交于一点	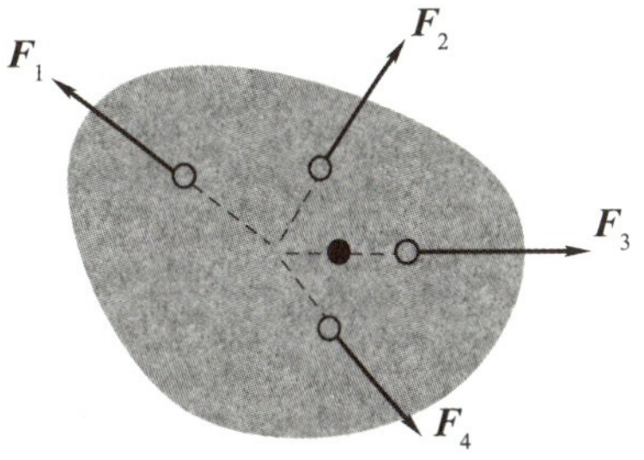
平面力系	平面平行力系	作用在同一物体上且作用线在同一平面的一群力,作用线相互平行	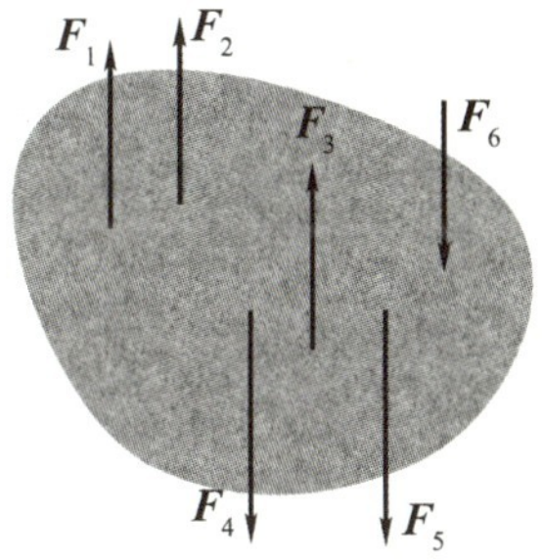
平面力系	平面任意力系	作用在同一物体上且作用线在同一平面的一群力,作用线不汇交又不平行	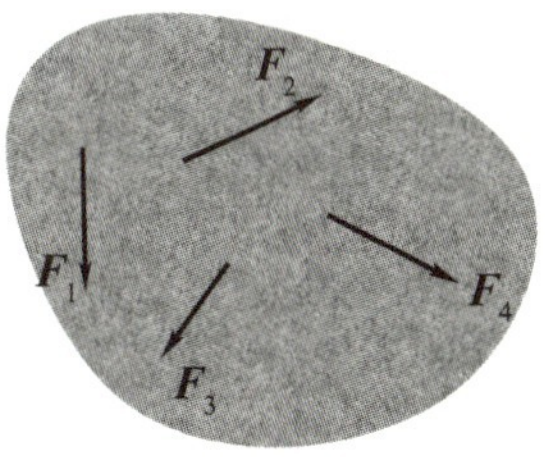

如图 2.2-2 所示,起重机在起吊构件时,作用于吊钩 C 点的力有钢绳拉力 F_T 及缆绳 AC 和 BC 的拉力 F_{T1}、F_{T2},它们都在同一铅垂平面内并汇交于 C 点,因此它们属于平面汇交力系。

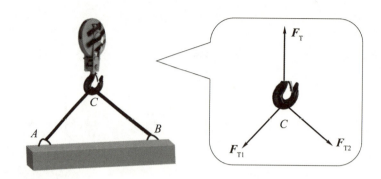

图 2.2-2　起重机起吊构件受力分析图

二、平面汇交力系的平衡条件及方程

如图 2.2-3 所示,放置在斜面 BE 和 BD 之间的一个足球所受重力为 W,受到斜面的反力 F_{NA}、F_{NC} 的作用[图 2.2-3b)],这三个力的作用线都在同一铅垂平面内,且汇交于足球中心点 O。

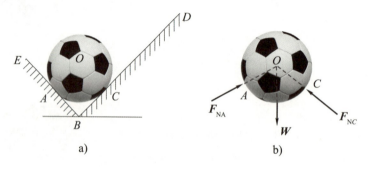

图 2.2-3　放置在斜面之间的小球

在这一组平面汇交力系中,根据平行四边形法则,可以将 F_{NA}、F_{NC}、W 这一组平面汇交力系合成一个合力 F_R,当足球处于平衡状态时,该力系为平衡力系,合力 $F_R = 0$。所以,平面汇交力系的平衡条件是该力系的合力 $F_R = 0$。

合力投影定理:合力在任一坐标轴上的投影等于各分力在同一坐标轴上投影的代数和。根据该定理可得:

$$\begin{cases} F_{Rx} = \sum F_x = 0 \\ F_{Ry} = \sum F_y = 0 \end{cases} \quad (2.2\text{-}1)$$

式(2.2-1)就是平面汇交力系的平衡方程。

三、平面汇交力系平衡方程的应用

平面汇交力系有两个独立的平衡方程,可以求解两个未知量。在土木工程力学中,常常应用这两个方程来求解实际工程中平面汇交力系的平衡问题。

分析杆 AC 和杆 BC 所受的力

如图 2.2-4 所示,已知三角支架所挂的物体受到的重力 $W = 15\text{kN}$,求杆 AC 和杆 BC 所受的力。

任务分析

第一步 选取研究对象,取铰 C 为研究对象。

因杆 AC 和杆 BC 都是二力杆,所以 F_{NAC} 和 F_{NBC} 的作用线都沿杆轴方向。现假定 F_{NAC} 为拉力,F_{NBC} 为压力,则受力图如图 2.2-5 所示。

第二步 选取坐标系,如图 2.2-6 所示。

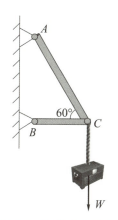

图 2.2-4 物体悬挂示意图

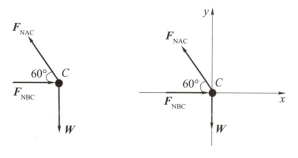

图 2.2-5 铰 C 受力分析图　　图 2.2-6 选取坐标系

第三步 列力系平衡方程,求解未知力 F_{NAC} 和 F_{NBC}。

由 $\sum F_y = 0$,可得: $F_{NAC}\sin 60° - W = 0$

$$F_{NAC} = \frac{W}{\sin 60°} = 15/0.866 = 17.32 \text{ (kN)}$$

由 $\sum F_x = 0$,可得, $F_{NBC} - F_{NAC}\cos 60° = 0$

$$F_{NBC} = F_{NAC}\cos 60° = 17.32 \times 0.5 = 8.66 \text{ (kN)}$$

第四步 依据计算结果,分析杆 AC 和杆 BC 所受的力。

因求出的结果均为正值,说明假定的所受力的方向和实际所受力的方向一致,即杆 AC 受拉,杆 BC 受压。

分析杆 AC 和杆 BC 的受力情况

如图 2.2-7 所示管道支架,支架两杆的夹角为 60°,管道对支架的压力 $F_P = 2\text{kN}$,作用

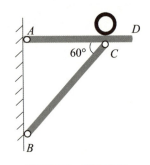

图 2.2-7 管道支架

在两杆轴线的交点 C 处。

试分析两杆的受力。

 任务分析

第一步 选取研究对象，取铰 C 为研究对象。

由管道在图 2.2-7 所在位置可知，水平杆 CD 段不受力，杆 AC 和杆 BC 皆为二力杆，假定杆 AC 受拉，杆 BC 受压则受力图如图 2.2-8 所示。

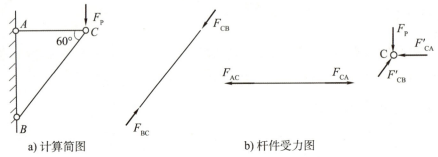

a) 计算简图　　　　　　　　　　　b) 杆件受力图

图 2.2-8　支架的计算简图和杆件的受力图

第二步 选取坐标系，如图 2.2-9 所示。

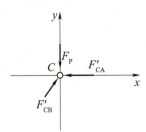

图 2.2-9　选取坐标系

第三步 列平衡方程，求解未知力 F_{CB} 和 F_{CA}。

由 $\sum F_y = 0$，可得：$F_{CB}\sin60° - F_P = 0$

$$F_{CB} = \frac{F_P}{\sin60°} = \frac{2}{\sin60°} = 2.31(\text{kN})$$

由 $\sum F_x = 0$，可得：$F_{CB}\cos60° - F_{CA} = 0$

$$F_{CA} = F_{CB}\cos60° = 2.31 \times 0.5 = 1.56(\text{kN})$$

第四步 依据计算结果，分析杆 AC 和杆 BC 所受的力。

因求出的结果均为正值，说明假定的指向和实际指向相同，即杆 AC 受拉，杆 BC 受压。

任务训练

见本教材配套的学习任务单 2.2。

任务 2.3　认识力矩

案例导入

2020年5月22日,广东省中山市小榄镇某酒店大门前一建筑发生雨篷坍塌事故(图 2.3-1),从事故现场可见,雨篷呈 45°倾斜,建筑材料倾泻一地,事发后当地公安、消防第一时间赶赴现场处置,酒店外围也被拉起了警戒线。据酒店负责人表示,事发后,他们第一时间对大堂客户进行疏散,经过检查,事故并未造成人员伤亡,但4台车不幸被雨棚砸中,均有不同程度受损。经初步调查表明,此次发生坍塌的雨篷面积 300m²,由于骤降暴雨,使得雨篷上方瞬间出现大量积水,在大风和积水的共同作用下,雨篷钢结构产生共振,局部受力不均,继而坍塌。

图 2.3-1　雨篷坍塌事故

那么,雨篷为什么会发生倾覆?为回答这一问题,我们要先认识力矩。

思考回答

1. 雨篷在力的作用下发生了什么变化?

2. 力使雨篷转动的效应与哪些因素有关?

3.生活中还有哪些力使物体转动的例子？

理论知识

一、力矩的概念

力矩

力矩是力学中一个基本概念。它是度量力对物体的转动效应的物理量。在我们的日常生活中经常会遇到使用力矩解决问题的情况，比如最常见的就是用扳手拧松螺母，当扳手夹住螺母转动时就产生了一个力矩，通过这个力矩我们最终将螺母卸下来。

如图 2.3-2 所示，力 F 使扳手绕螺母中心 O 转动，实践证明，转动效应不仅与力的大小成正比，而且还与该力作用线到 O 点的垂直距离 d 成正比。当改变力 F 的方向时，扳手的转向也随之改变。力 F 使物体绕 O 点转动的效应用力矩来度量，F 与 d 的乘积加上正负号称为力 F 对 O 点的矩，简称**力矩**，用符号 $M_O(F)$ 表示，即

$$M_O(F) = \pm Fd$$

点 O 为**力矩中心**（简称**矩心**）。矩心 O 到力 F 作用线的垂直距离 d 称为**力臂**。通常规定：力使物体绕矩心**逆时针**转动时，力矩取**正号**；**顺时针**转动时，力矩取**负号**。

图 2.3-2 力作用在扳手上

由力矩的定义可知力矩具有如下性质：

①力矩的大小和转向不仅与力有关，而且还与矩心的位置有关；

②当力 F 的大小等于零，或者力的作用线通过矩心（即力臂 $d=0$）时，力矩等于零；

③当力沿作用线移动时，不会改变力对某点的矩。

【**案例**】 在土木工程中，广泛使用滑轮[图 2.3-3a)]、绞车[图 2.3-3b)]等简单机械来搬运或提升笨重的物体。这些机械的特点均在于用较小的力搬运很重的物体。

a) 滑轮

b) 绞车

图 2.3-3　力矩在实际工程中的应用

二、荷载的分类及力矩的计算

荷载的分类

1. 荷载的分类

使结构或构件产生内力和变形的外力及其他因素称为**荷载**。荷载按作用范围不同可以分为**集中荷载**和**分布荷载**。

若荷载作用在结构上的面积与结构的总面积相比很小，便可认为该荷载集中地作用在构件的一点，称为**集中荷载**。用 F 表示，其常用单位 N（牛）、kN（千牛）。例如，厂房起重机车轮对起重机梁的压力属于集中荷载，如图 2.3-4 所示。

图 2.3-4　厂房的起重机

若荷载连续地作用在整个结构上或结构的一部分，称为**分布荷载**。例如，雪荷载属于分布荷载，如图 2.3-5 所示。

图 2.3-5　雪荷载

沿着构件轴线方向分布且各处的大小均相同的分布荷载称为**均布荷载**。如图 2.3-6a) 所示,过梁受到的自重荷载沿过梁轴线方向均匀分布,属于均布荷载,用 q 表示,其常用单位为 N/m(牛/米)、kN/m(千牛/米)。当分布荷载在各处的大小不相同时,称为**非均布荷载**,图 2.3-6b) 所示水坝受到的水压力就属于非均布荷载。

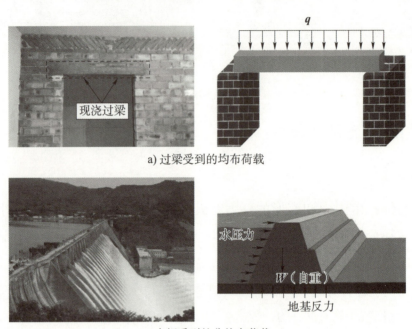

a) 过梁受到的均布荷载

b) 水坝受到的非均布荷载

图 2.3-6　分布荷载实例

在研究物体运动状态时,通常考虑为集中荷载,而研究物体变形时,通常考虑为分布荷载。

2. 力矩的计算

集中荷载作用下,力矩等于集中力乘力臂。即:

$$M_O(F) = \pm Fd \tag{2.3-1}$$

均布荷载作用下,应先确定均布荷载的合力大小以及合力的作用位置,即假设 F_R 是均布荷载 q 的合力,那么根据合力矩定理(合力对平面内任意一点的矩,等于各分力对该点力矩的代数和),均布荷载 q 对 O 点的矩为:

$$M_O(q) = M_O(F_R) = \pm F_R d \tag{2.3-2}$$

任务实施

集中荷载的力矩计算

如图 2.3-7 所示,扳手受到 F_1、F_2、F_3 的作用,且 $F_1 = F_2 = F_3 = 100\text{N}$,$d = 0.5\text{m}$,求各力

分别对螺母中心点 O 的力矩。

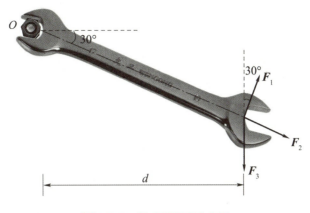

图 2.3-7　各力对扳手的作用

 任务分析

第一步　求作力臂。计算力臂必须要从矩心到力的作用线作垂线，这样求出的矩心到垂足的距离才是力臂，即：F_1 所对应的力臂为 $d/\cos 30°$；F_2 所对应的力臂为 0；F_3 所对应的力臂为 d。

第二步　判断力矩的转向，确定正负号。在 F_1 作用下，螺母会逆时针转动，即力矩为正；在 F_2 作用下，螺母不会转动；在 F_3 作用下，螺母会顺时针转动，即力矩为负。

第三步　按力矩定义计算。

$$M_O(F_1) = F_1 d/\cos 30° = 100 \times 0.5/0.866 = 57.7(\text{N} \cdot \text{m})$$

$$M_O(F_2) = F_2 \times 0 = 0$$

$$M_O(F_3) = -F_3 d = -100 \times 0.5 = -50(\text{N} \cdot \text{m})$$

均布荷载的力矩计算

如图 2.3-8 所示，已知过梁受到的均布荷载 $q = 3\text{kN/m}$，试分析均布荷载 q 对 O 点的矩。

 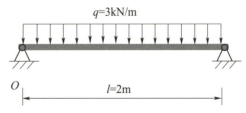

图 2.3-8　过梁的受力情况示意图

任务分析

第一步 计算均布荷载的合力并确定合力的作用位置。均布荷载的合力 $F_R = ql = 3 \times 2 = 6(kN)$，合力 F_R 位于 $l/2$ 处。

第二步 求作力臂。计算力臂必须要从矩心到力的作用线作垂线，即 F_R 所对应的力臂为 $l/2 = 1/2 \times 2 = 1(m)$。

第三步 判断力矩的转向，确定正负号。在均布荷载的合力 $\boldsymbol{F}_R$ 的作用下，杆件会顺时针转动，所以力矩为负。

第四步 按力矩定义计算。

$$M_O(\boldsymbol{q}) = \boldsymbol{M}_O(\boldsymbol{F}_R) = -F_R l/2 = -6 \times 1 = -6(kN \cdot m)$$

任务训练

见本教材配套的学习任务单 2.3。

任务 2.4　认 识 力 偶

案例导入

图 2.4-1　管延安拧螺栓

作为世界上综合难度最大的跨海通道工程的港珠澳大桥在百名技术产业能工巧匠的营造中得以实现，而管延安（图 2.4-1）就是其中一员。他和他的团队所负责的项目，是要在 40m 深的海底建造一条 5.6km 长的隧道，深海沉管隧道施工，是国人的首次自主创新，没有任何经验可以借鉴。隧道建设中，最难的是确保隧道不漏水，最重要的是要求接缝处的误差不能超过 1mm，这用肉眼几乎是看不出来的。管延安为了完成这个目标，在陆地上将安装阀门经过成百上千次的拆卸、安装，以此来避免这个极微小的误差。功夫不负有心人，这个经过千锤百炼的技能成为管延安的一个绝活。在施工过程中，管延安和工友拧过的 60 多万颗沉管螺栓，至今没有一颗螺栓松动，海底隧道没有一处漏水。

拧螺栓时，人手作用在螺母上的两个力使螺母绕螺钉转动，那么这对力是如何作用在螺母上的呢？要解答这一问题，我们需要先**认识力偶**。

 思考回答

1. 螺母在力的作用下发生了什么变化？

_____

_____

2. 力偶对物体的作用效应是怎样的？

_____

_____

3. 生活中还有哪些物体受力偶作用的实例？

_____

_____

_____

理论知识

一、力偶

力偶和力偶矩

在生产实践中，常看到物体同时受到大小相等、方向相反、作用线互相平行的两个力的作用。如图2.4-2所示，拧水龙头时，人手作用在开关上的两个力 F 和 F'，这两个力由于不满足二力平衡条件，显然不会平衡。在力学上我们把**大小相等、方向相反、作用线互相平行的两个力叫作力偶**。

力偶中两力所在的平面称为**力偶作用面**。如作用面不同，力偶的作用效应也不一样。力偶中两个力的作用线之间的垂直距离 d 称为**力偶臂**（图2.4-3）。

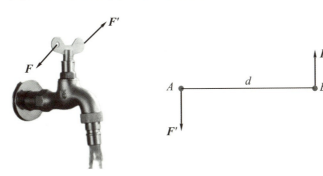

图2.4-2 拧水龙头时施加的力　　图2.4-3 力偶臂

注意：组成力偶的两个力虽然大小相等、方向相反，但却不在同一作用线上，所以不是一对平衡力。

二、力偶矩

物体受力偶作用的实例很多，如汽车驾驶员旋转方向盘时，两手作用在方向盘上的两个力[图 2.4-4a)]；钳工用丝锥攻丝时，两手作用于丝锥扳手上的两个力[图 2.4-4b)]。

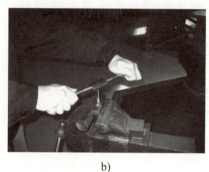

a)   b)

图 2.4-4 力偶作用的实例

力偶对物体的作用效应是怎样的呢？由于力偶中的两个力大小相等、方向相反、作用线平行，因此这两个力在任何坐标轴上投影之和等于零，如图 2.4-5 所示。可见，力偶无合力，即力偶不会使物体产生移动。实践证明，力偶只能使物体产生转动效应。如何度量力偶对物体的转动效应呢？显然可用力偶中两个力对矩心的力矩之和来度量。如图 2.4-6 所示，在力偶平面内任取一点 O 为矩心，设 O 点与力 F 作用线的距离为 x，则力偶的两个力对 O 点的力矩之和为

$$M_O(F) + M_O(F') = -Fx + F'(x+d)$$
$$= -Fx + F'x + F'd$$
$$= F'd = Fd$$

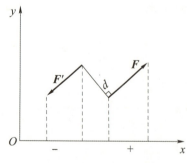
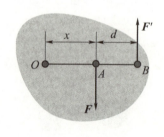

图 2.4-5 力偶的投影   图 2.4-6 力偶对 O 点的力矩之和

由此可见，力偶对矩心 O 的力矩只与力 F 和力偶臂 d 的大小有关，而与矩心的位置

无关。即力偶对物体的转动效应只取决于力偶中力的大小和二力之间的垂直距离(即力偶臂的大小)。因此,在力学上以乘积 Fd 作为度量力偶对物体的转动效应的物理量,这个量称为力偶矩,用 M_e 表示。

$$M_e = \pm Fd$$

式中,正负号表示力偶的转动方向,即逆时针方向转动时为正[图 2.4-7a)],顺时针方向转动时为负[图 2.4-7b)]。由此可见,在平面内,力偶矩是代数量。

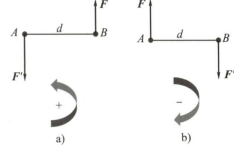

图 2.4-7　力偶的符号规定

三、力偶和力偶矩的性质

(1)力偶在任意坐标轴上的投影等于零。

(2)力偶没有合力,因而不能用一个力来代替,也不能与一个力平衡,力偶只能和力偶平衡。

(3)力偶对其作用面内任一点的力矩都等于力偶矩,力偶矩与矩心的位置无关。

(4)作用于一个平面内的两个力偶,若它们的力偶矩大小相等、转向相同,则这两个力偶等效。

推论:在保持力偶矩大小和力偶转向不变的情况下,力偶可在其作用面内任意搬移,或同时改变力和力偶臂的大小,力偶对物体的转动效应不变。

四、平面力偶系的平衡条件

作用于同一个平面内的两个或两个以上的力偶构成平面力偶系,平面力偶系的合成结果是一个合力偶,若平面力偶系平衡,则合力偶矩必须等于零,即:

$$\sum_{i=1}^{n} M_{ei} = 0 \tag{2.4-1}$$

反之,若合力偶矩为零,则平面力偶系平衡。

由此可知,平面力偶系平衡的必要和充分条件是:力偶系中各力偶矩的代数和等于零。

任务实施

计算 A、B 两端的支座反力

简支梁 AB 上作用一个力偶,其力偶矩 $M_e = 100\text{kN}\cdot\text{m}$,力偶的转向如图 2.4-8 所示,

若梁长 $l=8\text{m}$，质量不计，试计算 A、B 两端的支座反力。

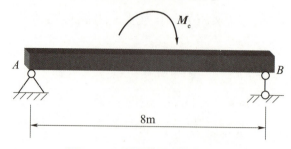

图 2.4-8　力偶作用在简支梁上

第一步　画受力图。由于梁处于平衡状态，梁上荷载只有一个力偶，而力偶只能与力偶平衡。所以，支座反力必组成一个力偶与之平衡，如图 2.4-9 所示。

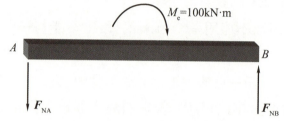

图 2.4-9　简支梁受力分析图

第二步　列平衡方程，求支座反力。物体在力偶系的作用下处于平衡状态，满足平衡方程：

$$\sum_{i=1}^{n} M_{ei} = 0$$

$$F_{NA} \times l - M_e = 0$$

$$F_{NA} = M_e / l = 100/8 = 12.5 \text{ (kN)}$$

$$F_{NB} = F_{NA} = 12.5 \text{kN}$$

（计算结果为正，说明力的方向与假设方向一致）

任务训练

见本教材配套的学习任务单 2.4。

任务 2.5　认识平面一般力系平衡

案例导入

2022 年 5 月 3 日 9 时 40 分左右，兰州市西固区陈官营村、东湾村房屋建设施工工地，在塔式起重机拆除过程中突发机械坠落事故,如图 2.5-1 所示,造成 3 人死亡,1 人受伤。经初步调查发现,事故原因为塔式起重机在拆除过程中,塔式起重机平衡臂和大臂之间受力失衡发生倾斜,致使塔身折断,造成人员伤亡。

图 2.5-1　塔式起重机坠落事故

那么,在实际工程中,塔式起重机作业时是如何保持平衡的?要回答这一问题,我们需要先认识平面一般力系的平衡条件。

思考回答

1. 平面一般力系的平衡条件是什么?

_____

_____

2. 在实际工程中,塔式起重机作业时是如何保持平衡的?

_____

_____

理论知识

一、平面一般力系的平衡条件及方程

物体在平面一般力系作用下处于平衡状态,该物体就不能产生移动和转动,因此平面一般力系的平衡条件为:

①力系中所有力在 x 轴、y 轴两个坐标轴中的投影的代数和均等于零;

②力系中所有力对任一点的力矩的代数和等于零。即:

$$\begin{cases} \sum F_x = 0 \\ \sum F_y = 0 \\ \sum M_O(F) = 0 \end{cases} \quad (2.5\text{-}1)$$

式(2.5-1)即为平面一般力系平衡方程的基本形式,其中前两个称为投影方程,后一个称为力矩方程。我们也可以理解为:物体在力系的作用下,不能沿 x 轴和 y 轴产生移动,且物体不能绕任意一点转动。

平面一般力系的平衡方程除了上述表达方式外,还可以表示成二力矩形式,即:

$$\begin{cases} \sum F_x = 0 \\ \sum M_A(F) = 0 \\ \sum M_B(F) = 0 \end{cases} \quad (2.5\text{-}2)$$

其中 A、B 两点的连线不能与 x 轴垂直。

平面一般力系的平衡方程虽然有两种形式,但无论采用哪种形式,都只能列出三个独立的平衡方程,因此只能求解三个未知量。在实际解题时,为方便计算,所选的平衡方程形式应尽可能满足在一个方程中只包含一个未知量,避免联立方程求解。

二、平面一般力系平衡方程的应用

建筑工程中的雨篷、阳台等,它们的一端牢固地嵌入墙内,另一端无约束,这类结构称为悬臂结构。在力学计算时,它们都作为悬臂梁来考虑。悬臂结构因其受力情况的特殊性,比较容易发生倒塌事故。

如图 2.5-2 所示,钢筋混凝土雨篷由雨篷板和雨篷梁两部分组成,当雨篷发生倾覆或者翻倒的时候,雨篷板上的荷载,可能使整个雨篷绕梁底的倾覆点 O 转动。雨篷板上的荷载对点 O 的力矩,称为倾覆力矩,用 $M_{倾}$ 表示。作用于雨篷梁上的墙体自重以及其他可能压在雨篷上的荷载(如梁、板荷载),则抵抗倾覆。雨篷梁上所有荷载的合力 W 对点 O 的力矩,称为抗倾覆力矩,用 $M_{抗}$ 表示。《砌体结构设计规范》(GB 50003—2011)中规定,进行抗倾覆验算要求满足 $M_{抗} \geq M_{倾}$。

如果抗倾覆力矩太小,应增加雨篷梁压在墙体内的长度,以增加压在梁上的墙体自重。在实际工程中发生的雨篷、阳台等结构的倒塌事故中,抗倾覆安全因素太小造成倒塌的较常见。

在应用平衡方程解题时,为了使计算简化,通常将矩心选在两个未知力的交点上,而坐标轴则尽可能与该力系中多数未知力的作用线垂直。

求解平面一般力系平衡问题的解题步骤:

①根据题意选取适当的研究对象。
②对所选的研究对象进行受力分析,画出受力图。
③列平衡方程,最好一个方程只包含一个未知量。
④在求出所有未知量后,可利用其他形式的平衡方程对计算结果进行校核。

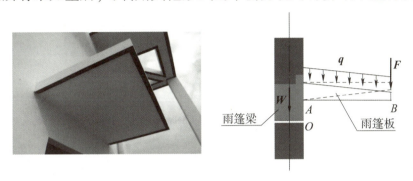

图 2.5-2　雨篷及其受力情况示意图

计算固定端 A 的约束力

如图 2.5-3 所示,悬臂梁 AB 受到均布荷载 q 的作用,并在 B 端作用一个集中力 F,已知梁长 3m, $q = 5\text{kN/m}$, $F = 10\text{kN}$,试求固定端 A 的约束力。

任务分析

第一步　选取研究对象。选择悬臂梁为研究对象。

第二步　画受力图。固定端支座 A 处,既能限制梁端沿任何方向的移动,也能限制梁 A 端的转动,因此在固定端 A 处有两个方向未定的约束力和一个力偶,如图 2.5-4 所示。

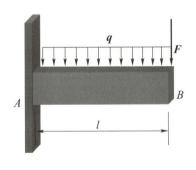

图 2.5-3　悬臂梁受力情况示意图

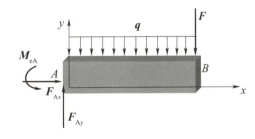

图 2.5-4　悬臂梁受力分析图

第三步　列平衡方程,求支座反力。

由 $\sum F_x = 0$ 可知,　　　　　　　　$F_{Ax} = 0$

由 $\sum F_y = 0$ 可知, $F_{Ay} - q - F = 0$

$$F_{Ay} = q + F = 5 \times 3 + 10 = 25 \text{ (kN)}$$

计算支座 A 和支座 B 的约束力

有一个简支钢架如图 2.5-5 所示,承受水平荷载 $F = 100 \text{kN}$,钢筋高度 $h = 6 \text{m}$,钢架宽度 $l = 5 \text{m}$,求支座反力。

任务分析

第一步 选取研究对象。选择简支钢架为研究对象。

第二步 画受力图。支座 A 为固定铰支座,因此在固定端 A 处有两个方向未定的约束力,支座 B 为可动铰支座,因此在固定端 B 处只有一个垂直于支撑面方向的约束力,如图 2.5-6 所示。

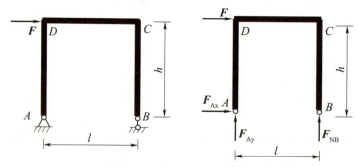

图 2.5-5 简支钢架受力情况示意图　　图 2.5-6 简支钢架受力分析图

第三步 列平衡方程,求支座反力。

由 $\sum F_x = 0$ 可知, $F_{Ax} + F = 0$

$$F_{Ax} = -F = -100 \text{kN}$$

由 $\sum F_y = 0$ 可知, $F_{Ay} + F_{NB} = 0$ ①

由 $\sum M_A(F) = 0$ 可知, $F_{NB} \times l - F \times h = 0$

$$F_{NB} = \frac{F \times h}{l} = \frac{100 \times 6}{5} = 120 \text{ (kN)}$$ ②

将②式带入①式可得: $F_{Ay} = -F_{NB} = -120 \text{kN}$

任务训练

见本教材配套的学习任务单 2.5。

模块测评

本模块知识测评和目标评价见教材配套学习任务册。

模块 3　直杆轴向拉伸与压缩

素质目标:具备观察问题的能力,通过对实际拉压杆问题的分析,养成分析问题、解决问题的良好职业习惯。

知识目标:认识工程中常见杆件的受力和变形;掌握轴向拉压杆受力与变形的特点以及直杆轴向内力的概念;理解应力的概念,认识轴向拉压杆上的正应力。

能力目标:能判断工程结构中组合变形;能分析轴向拉压杆受力、变形;会利用截面法计算轴力;会轴向拉压杆正应力的计算方法。

任务 3.1　认识杆件变形

案例导入

在体育活动中,为了能够让手臂的肌肉变得更加结实有力,我们会做一些加强臂力的锻炼,比如手拉拉力器,如图 3.1-1 所示;双臂吊杆,如图 3.1-2 所示;双手撑地倒立,如图 3.1-3 所示。

图 3.1-1　手拉拉力器

图 3.1-2　双臂吊杆

图 3.1-3　双手倒立

当我们长期做这些锻炼后,胳膊有什么样的感觉,胳膊的形状有改变吗?胳膊的受力又是怎样的?要回答上述问题,我们需要先认识拉伸与压缩的受力。

思考回答

1. 生活中,你见过哪些情况下会发生拉伸与压缩现象?

_____

_____

2. 产生拉伸或压缩后,会有哪些变形现象?

_____

_____

理论知识

一、杆件的四种基本变形

工程中,我们将长度方向的尺寸远大于其他两个方向尺寸的构件称为杆件。轴线是直线的杆件称为直杆,例如房屋中的梁、柱等。杆件在不同的受力情况下,将会产生不同的变形,但在工程中,杆件的基本变形有以下四种形式。

1. 轴向拉伸或压缩

当杆件受到大小相等、方向相反、作用线与杆件轴线重合的一对外力作用时,杆件会沿轴线方向伸长或缩短,这种变形称为**轴向拉伸或压缩**。杆件发生轴向拉伸变形,如图3.1-4所示;杆件发生轴向压缩变形,如图3.1-5所示。

图3.1-4 轴向拉伸受力　　图3.1-5 轴向压缩受力　　直杆轴向拉伸和压缩

例如,悬索桥的吊索(图3.1-6)、起重机的支撑杆(图3.1-7)都是二力杆,在受力后将发生轴向拉伸或压缩变形。

图3.1-6 悬索桥吊索(拉伸)　　图3.1-7 起重机支撑杆(压缩)

杆件轴向拉伸或压缩的变形特点是:杆的两相邻横截面沿杆轴线方向产生相对移动,杆件沿轴向发生伸长或缩短,同时变细或变粗,如图 3.1-8、图 3.1-9 所示。

图 3.1-8　轴向拉伸(变细、变长)

图 3.1-9　轴向压缩(变短、变粗)

 想一想

图 3.1-10 中的杆件,哪些会发生轴向拉伸或压缩变形?

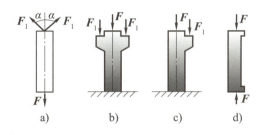

图 3.1-10　杆件受力示意图

2. 剪切

当杆件受到一对大小相等、方向相反、作用线垂直于杆件轴线且距离很近的横向力作用时,杆件的横截面将沿外力方向发生相互错动,这种变形称为**剪切**,如图 3.1-11 所示。生活中常见的剪切变形,如用剪刀修剪植物(图 3.1-12),植物产生了剪切变形。

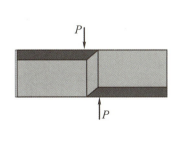

图 3.1-11　剪切受力图　　　　图 3.1-12　剪刀修剪植物

3. 扭转

当杆件受到大小相等、转向相反、垂直杆件轴线的两个平面内的一对力偶作用时,杆件的横截面将产生绕轴线的相对转动,这种变形称为**扭转**,如图 3.1-13 所示。生活中常见的扭转变形,如拆轮胎时用十字扳手拧螺栓,十字扳手就是扭转变形构件(图 3.1-14)。

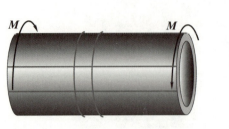 

图 3.1-13　扭转变形受力图　　　　图 3.1-14　十字扳手拧螺栓

4. 弯曲

当构件受到垂直于杆件轴线的横向荷载作用时,杆件轴线将由直线变为曲线,这种变形称为**弯曲**,如图 3.1-15 所示。如桥式起重机的横梁,如图 3.1-16 所示,当起重机吊物体时,将产生弯曲变形。

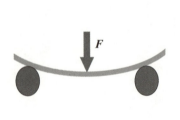 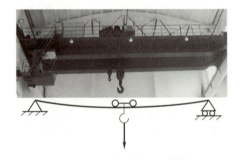

图 3.1-15　弯曲变形受力图　　　　图 3.1-16　桥式起重机横梁

二、组合变形

实际工程中,构件在荷载作用下通常会同时产生两种或两种以上的基本变形,称为**组合变形**。工程实际中常见的组合变形形式有:斜弯曲或称双向弯曲(图 3.1-17)、拉(压)与弯曲的组合(图 3.1-18)、弯曲与扭转的组合(图 3.1-19)等。

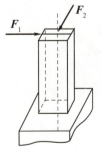 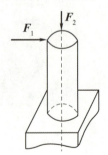 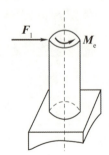

图 3.1-17　斜弯曲　　图 3.1-18　拉(压)与弯曲组合　　图 3.1-19　弯曲与扭转组合

当轴向压力的作用线偏离受压构件的轴线时,此受压构件称为**偏心受压构件**。偏心压力可以分解为过截面中心的力和一个弯矩的组合。因此,既受压又受弯的柱子,就是偏心受压构件。常见的有边柱,如图 3.1-20 所示;排架柱,如图 3.1-21 所示等。

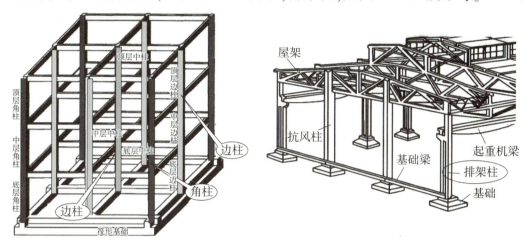

图 3.1-20　边柱　　　　　　　　　图 3.1-21　排架柱

分析牛腿边柱受力和变形情况

图 3.1-22 所示为工厂厂房带牛腿的边柱,分析带牛腿边柱受力和变形情况。

图 3.1-22　带牛腿的边柱

任务分析

第一步　取出分离体。

单独取出牛腿边柱,如图 3.1-23 所示。

第二步　做牛腿边柱受力分析。

承受柱的自重和屋架传来的荷载作用 F_1，起重机梁传来的荷载作用 F_2。

第三步 绘制牛腿边柱受力图，如图 3.1-24 所示。

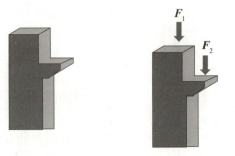

图 3.1-23　牛腿边柱　　图 3.1-24　牛腿边柱受力图

第四步 分析牛腿边柱组合变形。

同时产生轴向压缩和弯曲变形，即为偏心受压变形。

任务训练

见本教材配套的学习任务单 3.1。

任务 3.2　认识直杆轴向内力

案例导入

斜拉桥(又称斜张桥)是将主梁用许多拉索直接拉在桥塔上的一种桥梁，主要由索塔、主梁、斜拉索组成。主梁主要承受斜拉索的水平力和活载弯矩；斜拉索将主梁承受的荷载传递给塔柱或基础。斜拉桥的受力特点是，从塔柱伸出悬挂主梁的高强度钢索起到弹性支撑作用，从而大大减小梁内弯矩，减小梁的截面尺寸，减小主梁质量，节省材料，增强桥梁的跨越能力，如图 3.2-1 所示。

图 3.2-1　斜拉桥受力图

那么,斜拉桥的梁、索、塔受什么力?斜拉桥的传力途径是什么?要回答上述问题,我们需要先认识直杆轴向内力。

试分析悬索桥(图 3.2-2)的传力途径?

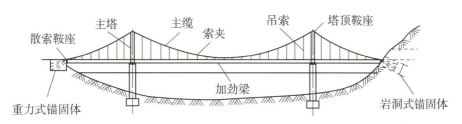

图 3.2-2　悬索桥

理论知识

一、内力的概念

手拉弹簧的时候,弹簧被拉长的同时,是否也感到弹簧在拉手指?如图 3.2-3 所示。弹簧拉手指的力是在反抗手把弹簧拉长,这个反抗拉长的力就是内力。工程中我们把在外力的作用下,构件内部产生的相互作用力,称为**内力**。

图 3.2-3　手拉弹簧

弹簧内部的弹力取决于外界给它施加的外力,内力只与外力有关。外力消失,内力也消失,内力与构件的尺寸、形状、材料无关。

二、截面法计算轴向拉、压杆的内力

截面法是确定内力的基本方法。如图 3.2-4a)所示的拉杆,如果计算该杆任一截面上的内力,可沿此截面将杆件用假想的 m-m 面截开分为 Ⅰ 和 Ⅱ 两个部分,如图 3.2-4b)、图 3.2-4c)所示。

取其中任一部分作为研究对象,将移去部分对留下部分的作用力以内力 F_N 来代替。杆件原来处于平衡状态,故截开后各部分仍然保持平衡。

由平衡方程
$$\sum F_x = 0$$
得
$$F_N - F = 0$$
所以,内力 F_N 为
$$F_N = F$$

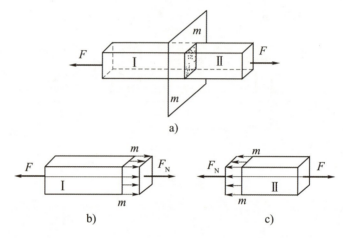

图 3.2-4　截面法受力分析图

截面法求内力可归纳为四个字:截、取、代、平。

截:沿该截面用假想截面将构件截成两部分。

取:取其中任意一部分为研究对象,而移去另一部分。

代:用作用于截面上的内力代替移去部分对留下部分的作用力。

平:对留下部分建立平衡方程,利用已知力确定未知的内力。

三、轴向拉、压杆内力正负号规定

轴向拉压杆的内力,称为**轴力**。拉伸时其轴力为正值(拉力),方向背离所在截面,即拉力与截面外法线同向,如图 3.2-5a)所示;压缩时其轴力为负值(压力),方向指向所在截面,即压力与截面外法线反向,如图 3.2-5b)所示。

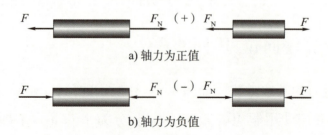

图 3.2-5　轴力正负号规定

四、轴力图

用 x 轴横坐标表示各横截面的位置,以垂直于杆件轴线的纵坐标 F_N 表示对应横截面上的轴力,所绘出的轴力随横截面位置变化的函数图线称为**轴力图**。当轴力为正值的轴力画在 x 轴的上侧,如图 3.2-6 所示;当轴力为负值的轴力画在 x 轴的下侧,如图 3.2-7 所示。

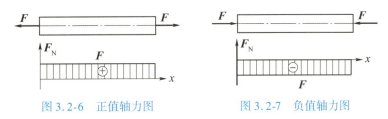

图 3.2-6　正值轴力图　　　　图 3.2-7　负值轴力图

绘制轴力图的步骤:①分析外力的个数及其作用点;②利用外力的作用点将杆件分段;③用截面法求任意两个力的作用点之间的轴力;④作轴力图;⑤轴力为正的画在水平轴的上方,表示该段杆件发生拉伸变形,轴力为负的画在水平轴的下方,表示该段杆件发生压缩变形。

任务实施

内 力 计 算

等截面直杆如图 3.2-8 所示,其受轴向力为 $F_1 = 15\text{kN}$,$F_2 = 10\text{kN}$ 的作用。计算杆件 1-1、2-2 截面的轴力,并画出轴力图。

 任务分析

第一步　计算 A 端支座反力。

以整体为对象,受力图如图 3.2-9 所示。

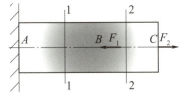　　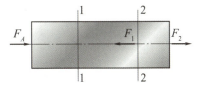

图 3.2-8　等截面直杆　　　　图 3.2-9　直杆受力图

建立平衡方程得:

$$\sum F_x = 0$$

$$F_A - F_1 + F_2 = 0$$
$$F_A = F_1 - F_2 = 5\text{kN}$$

第二步 用截面法分2段计算内力。

AB段[图3.2-10a)]：$\sum F_x = 0$
$$F_{N1} = -F_A = -5\text{kN}$$

BC段[图3.2-10b)]：$\sum F_x = 0$
$$F_{N2} = F_1 - F_A = 15 - 5 = 10(\text{kN})$$

第三步 作轴力图,如图3.2-11所示。

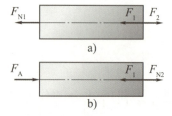

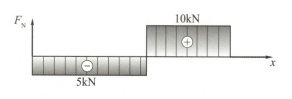

图3.2-10 截面法计算内力　　　　图3.2-11 轴力图

任务训练

见本教材配套的学习任务单3.2。

任务3.3　认识直杆轴向应力

案例导入

1. 当我们在结冰的河上行走时,是站立前行(图3.3-1)还是匍匐前行(图3.3-2)更安全? 为什么?

2. 取两根粗细不同,但是材质相同的绳子,用同样大的力 F 去拉它们(图3.3-3),当拉力逐渐增大时,哪一根绳子先被拉断? 为什么?

图3.3-1 冰上站立前行　　图3.3-2 冰上匍匐前行　　图3.3-3 拉绳

要搞清楚以上问题,我们需要先了解轴向应力。

如图 3.3-4 所示,两根材料一样但横截面不同的杆件,所受外力相同,随着外力的增大,哪根杆件最先断裂?

图 3.3-4 横截面不同的杆件

_____

_____

理论知识

一、应力的概念

粗细不同的绳,受到反向拉力时,如图 3.3-5 所示,哪个部位最先断裂?根据生活经验,我们得出答案是杆件细的部分先断裂。

图 3.3-5 绳受反向拉力示意图

通过这一例子我们知道,杆件内力一样大,但是横截面积不同,结构抵抗破坏的能力就不一样,内力大小不能衡量构件强度的大小,于是提出了应力这一概念。

应力是外力引起的内力密集程度,即单位面积上内力的大小,但应力不是内力。应力和内力之间的区别详见表 3.3-1。

应力和内力的区别　　　　　　　　　　表 3.3-1

内力与应力的区别	内力是指构件在受到外力作用而变形时,其内部各部分之间产生的相互作用的力。内力与构件的强度、刚度、稳定性密切相关;内力一般用来表示构件截面上力的合效果,如弯矩、剪力、轴力等;内力的单位是牛顿(N)、千牛顿(kN)
	应力是指构件截面单位面积上的力,如正应力、剪应力;应力是矢量,同截面垂直的称为正应力或法向应力,同截面相切的称为切应力、剪应力,应力的单位是帕(Pa)、千帕(kPa)、兆帕(MPa)、吉帕(GPa)

截面上的应力可以分解,如图3.3-6所示。(1)垂直于截面的应力 σ 称为正应力或法向应力;(2)平行于截面的应力 τ 称为切应力或剪应力。

二、轴向拉(压)杆横截面上的正应力

取一直杆,在其侧面上画出与轴线平行的纵向线和与轴线垂直的横向线,如图3.3-7所示,在两端施加一对轴向拉力 **F**,观察纵向线和横向线有什么变化?

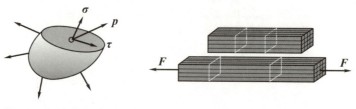

图3.3-6　应力分解图　　　图3.3-7　直杆拉伸图

通过观察可以得到所有的纵向线伸长值都相等,横向线围成的平面仍保持为平面且与纵向线垂直。

因此,可以得出以下结论:

(1)各纤维的伸长相同,所以它们所受的力也相同。

(2)变形前为平面的横截面,变形后仍保持为平面且仍垂直于轴线。

图3.3-8　均布应力

由结论可知,轴向拉(压)杆横截面上的正应力为均匀分布的,以 σ 表示,如图3.3-8所示。

$$\sigma = \frac{F_N}{A} \tag{3.3-1}$$

式中:F_N——横截面上的轴力;

　　　A——横截面面积。

σ 的符号与轴力 F_N 符号相同。当轴力为正号时(拉伸),正应力也为正号,称为拉应力。当轴力为负号时(压缩),正应力也为负号,称为压应力。

任务实施

计算直杆指定截面上的正应力

横截面面积 $A = 2 \times 10^3 \text{mm}^2$,计算图3.3-9中杆件1-1、2-2和3-3截面上的正应力。

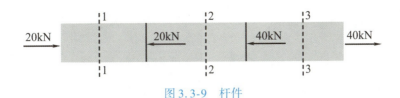

图 3.3-9 杆件

任务分析

第一步 用截面法计算指定截面上的轴力。

1-1 截面切开,取左边为研究对象,$\sum F_x = 0$,$F_{N1} = -20\text{kN}$

2-2 截面切开,取左边为研究对象,$\sum F_x = 0$,$F_{N2} = 20 - 20 = 0$

3-3 截面切开,取右边为研究对象,$\sum F_x = 0$,$F_{N3} = 40\text{kN}$

第二步 分别代入式(3-3-1)求指定截面上的应力。

1-1 截面:
$$\sigma_1 = \frac{F_{N1}}{A} = \frac{-20 \times 10^3}{2 \times 10^{-3}} = -10(\text{MPa})$$

2-2 截面:
$$\sigma_2 = \frac{F_{N2}}{A} = \frac{0}{2 \times 10^{-3}} = 0$$

3-3 截面:
$$\sigma_3 = \frac{F_{N3}}{A} = \frac{40 \times 10^3}{2 \times 10^{-3}} = 20(\text{MPa})$$

任务训练

见本教材配套的学习任务单 3.3。

任务 3.4 直杆轴向拉压的工程应用

案例导入

在生活中常遇到直杆的工程应用,例如:梁式桥的桥墩(图 3.4-1)、拱桥上的吊杆(图 3.4-2)、中国古建筑物中的木柱(图 3.4-3)、圆明园建筑中的石柱(图 3.4-4),当外力作用在这些墩、柱杆件上时,它们会产生轴向拉压变形。

图 3.4-1 桥梁的桥墩

图 3.4-2 拱桥吊杆

图 3.4-3　中国古建筑中的木柱　　　图 3.4-4　圆明园建筑中的石柱

那么它们的受力原理是什么？工程上是怎样应用这些原理的？为回答上述问题，接下来，我们将探讨直杆轴向拉压的工程应用。

您发现生活中还有哪些直杆轴向拉压的工程应用？

_____

_____

_____

知识拓展

> 　　圆明园始建于清康熙四十八年（1709 年）。圆明园大量仿建了中国各地特别是江南的名园胜景，并借鉴了西方园林建筑，集当时古今中外造园艺术之大成，堪称人类文化的宝库之一，其主要建筑类型包括殿、堂、亭、台、楼、阁、榭、廊等，这些建筑很好利用了拉（压）杆原理，使得圆明园成为当时最出色的一座大型园林。
>
> 　　清咸丰十年（1860 年），圆明园被英法联军焚毁，清光绪二十六年（1900 年），圆明园的建筑和古树名木遭到八国联军彻底毁灭。1949 年后，我国政府对圆明园开始了保护整修工作；1979 年，圆明园遗址被列为北京市重点文物保护单位。
>
> 　　今天，我们要记住历史，勿忘国耻！

一、直杆轴向拉压的工程应用事故案例

楼房承重柱破坏分析

一些楼房柱子出现破坏，如图 3.4-5 所示，对其原因进行分析。

图 3.4-5 楼房柱子破坏

 任务分析

楼房的承重柱是受压构件,承重柱对房子起支撑的作用。如果楼房承重柱出现断裂,首先要考虑是否压力过大,超出承重。有时也有其他因素,诸如打桩、深挖坑施工、地震等造成房屋振动,或其他原因造成房屋地基不均匀沉降,使得承重柱承受不了新增加的受力,造成断裂。柱子断裂将使其他构件受力过大,最终可能造成房屋倒塌。

武夷山公馆大桥垮塌事故分析

武夷山公馆大桥位于著名的福建省武夷山风景区,大桥为中承式钢架拱桥,全长301m,宽18m。2011年7月14日上午8点50分左右,武夷山公馆大桥北端突然发生垮塌事故,如图3.4-6所示。试对事故原因进行分析。

图 3.4-6 武夷山公馆大桥垮塌现场

 任务分析

武夷山公馆大桥为中承式钢架拱桥,如图3.4-7所示,拱桥主要由上部结构(主拱圈、桥面系、吊杆)和下部结构(桥墩、桥台、基础)组成。主拱圈是主要承载构件,承受桥上的全部荷载,并将荷载传递给墩台和基础。拱桥中的吊杆作为传力构件,将荷载传递给主拱圈。本次事故原因是桥梁承受的荷载超过了设计允许的最大荷载,导致吊杆强度受到了破坏,吊杆被拉断,最终导致桥梁垮塌。

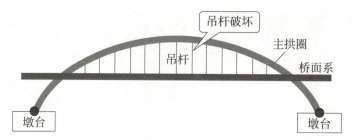

图 3.4-7　武夷山公馆大桥结构示意图

二、直杆轴向拉压的工程应用成功案例

平塘特大桥成功案例

平塘特大桥是直杆轴向拉压工程应用的典型案例。该桥位于贵州省余庆至安龙高速公路平塘至罗甸段,横跨宽约 1600m 的槽渡河峡谷,大桥主桥为三塔双索面叠合梁斜拉桥,全长 2135m。斜拉索为空间双索面、扇形密索体系布置,全桥共有 132 对(共 264 根)斜拉索,如图 3.4-8 所示。斜拉索采用低松弛镀锌铝合金高强平行钢丝拉索,钢丝直径 7mm,抗拉强度标准值 f_{pk} = 1770MPa。试对平塘特大桥的受力进行分析。

 任务分析

斜拉桥中荷载传递路径是:斜拉索的两端分别锚固在主梁和索塔上,将主梁的恒载和车辆荷载传递至索塔,再通过索塔传至地基。

平塘斜拉索大桥分别由主桥、桥墩、斜拉索、索塔组成,主桥采用整幅设计,为三塔双索面钢混组合梁斜拉桥,引桥为先简支后连续预应力混凝土 T 形梁,如图 3.4-9 所示。

图 3.4-8　平塘特大桥

图 3.4-9　平塘特大桥组成图

平塘特大桥技术创新:

(1)山区超高三塔斜拉桥结构体系刚度相对较弱,设计中采用空间索塔,并适当增加顺桥向中塔刚度以提高三塔斜拉桥结构整体刚度。

(2)采用中塔塔梁铰接、边塔竖向支承的结构体系,该三塔斜拉桥塔梁支承体系对减小活载作用下的主梁挠度及温度作用下的塔底弯矩效果明显。

（3）大桥钢主梁采用安装质量高、速度快的整节段拼装方案。整节段最大拼装质量170t，为山区钢混组合梁斜拉桥的施工方法提供了新的选择。

任务训练

见本教材配套的学习任务单3.4。

知识拓展

轴向拉(压)杆的变形计算

如图3.4-10所示，设杆件原长为 L，受轴向拉力 F 作用，变形后的长度为 L_1，则杆件长度的改变量为：

$$\Delta L = L_1 - L$$

ΔL 称为线变形(或绝对变形)，伸长时 ΔL 为正号，缩短时 ΔL 为负号。

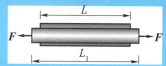

图3.4-10 轴向拉杆的变形计算

试验表明，在材料的弹性范围内，ΔL 与外力 P 和杆长 L 成正比，与横截面面积 A 成反比，即：

$$\Delta L \propto \frac{PL}{A}$$

引入一个比例系数 E(弹性模量)，由于 $P = F$，上式可写为：

$$\Delta L = \frac{FL}{EA} \tag{3.4-1}$$

式(3.4-1)为胡克定律的数学表达式。

胡克定律反映了轴向拉压杆的变形与杆件的轴力、长度、弹性模量和横截面面积之间的关系。胡克定律另一种表达式 $\sigma = E\varepsilon$，表示当应力在弹性范围内时，应力与应变成正比。

胡克定律是英国科学家胡克于1678年发现的，实际上在我国东汉时期，经学家和教育家郑玄就提出了与胡克定律类似的观点，他在为《考工记·弓人》一文中"量其力，有三钧"一句做注解时写道："假令弓力胜三石，引之中三尺，弛其弦，以绳缓擐之，每加物一石，则张一尺。"郑玄的观点明显地揭示了弓的弹力和形变成正比。

模块测评

本模块知识测评和目标评价见教材配套学习任务册。

模块 4　直梁弯曲

素质目标：养成力学问题生活化思维和勤动脑、爱思考的习惯,以及解决工程实际问题的综合职业能力。

知识目标：认识简支梁、外伸梁和悬臂梁;理解剪力、弯矩的概念;了解剪力图、弯矩图的概念;理解梁的正应力及其强度条件。

能力目标：能绘制梁的内力图、能运用正应力强度条件解决工程实际中基本构件的强度校核。

任务 4.1　认识梁的形式及弯曲变形

认识"梁"

案例导入

上海市青浦区金泽镇元代古桥——迎祥桥是江南著名的元式桥梁,如图 4.1-1 所示。古桥选材独特,其是由砖面、木梁、青石墩台组合而成的罕见古桥梁结构,形式优美,与当前遍及国内外的桥面连续简支梁桥原理如出一辙,较西方国家应用此原理提早了 600 年之久。当代桥梁专家称该桥为连续简支梁桥的鼻祖。

2001 年建成的焦作至巩义黄河公路大桥,主桥采用 50 m 跨径预应力混凝土简支 T 梁,如图 4.1-2 所示,下部结构采用单排双柱式桥墩、预应力混凝土盖梁、单排立柱式桥台。

图 4.1-1　上海迎祥桥

图 4.1-2　焦作至巩义黄河公路大桥

那么，这些简支梁、连续简支梁桥的梁在桥梁中起到什么作用？要回答这一问题，我们需要先认识梁的结构组成、形式、弯曲和内力。

 思考回答

1. 你知道梁的形式有哪些？

_____

_____

2. 什么是简支梁？什么是连续简支梁？生活中你见过吗？

_____

_____

_____

3. 举例说明，哪些建筑物结构属于悬臂梁。

_____

_____

_____

理论知识

一、梁的概述

梁是指以弯曲变形为主要变形的构件。梁是一种结构形式，它的梁体为杆件，承受的外力以横向力和剪力为主。梁是建筑上部构架中最为重要的部分，承托着建筑物上部构架中的构件及上部构架全部自重。梁一般水平放置，用来支撑板并承受板传来的各种竖向荷载和梁的自重，依据梁的具体位置、具体形状、具体作用等不同有不同的名称。例如框架结构的梁为框架梁，如图4.1-3所示。桥梁中有横梁和系梁，横梁是主梁，是承受各种荷载和自重的梁，一般水平放置；而系梁则是结构梁，起拉杆作用，主要是为了把两个桩或墩连成整体受力（在两个柱子中间加一根系梁），如图4.1-4所示。

二、梁的结构组成与作用

1. 梁的结构组成

梁是指一种结构形式，由梁体和支座组成。例如框架结构的梁有框架主梁、框架次

梁。一般直接支承在墙、柱等承重构件上的为主梁,它是承担整个建筑物结构安全的主要骨架,是满足强度和稳定性要求的必须构件,侧重强度要求;支承在主梁上的为次梁,一般用于加强主梁与墙体之间的连接,承受部分水平荷载和重量,分散主梁的荷载,避免主梁变形和损坏;而梁在两支座间的部分为跨,如图 4.1-5 所示。

图 4.1-3　框架梁　　　　　　　　　图 4.1-4　桥梁图

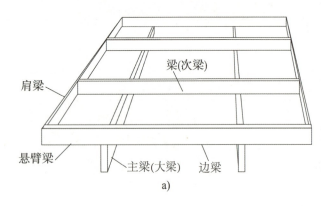

图 4.1-5　梁的结构组成

2. 梁的作用

梁的作用体现在框架结构中,梁把各个方向的柱连接成整体;在墙结构中,洞口上方的连梁,将两个墙肢连接起来,使之共同工作;在框架-剪力墙结构中,如图 4.1-6 所示,梁既有框架结构中的作用,同时也有剪力墙结构中的作用,如图 4.1-7 所示。

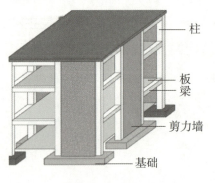
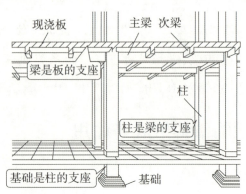

图 4.1-6　框架-剪力墙结构　　　　图 4.1-7　梁的作用示意图

 小贴士

框架结构中,外荷载传递路径:荷载→板→次梁→主梁→墙(柱)。

三、梁的分类及基本形式

1. 梁的分类

梁的种类繁多,例如按照轴线形状,可分为直梁和曲梁。大多数梁都可以抽象成轴线为直线的梁,即直梁;在受力变形之前轴线就为曲线的梁称为曲梁。梁的分类详见表4.1-1。

梁的分类   表4.1-1

序号	分类方式	分类	备注
1	从功能上分	结构梁(如基础地梁、框架梁等)	基础地梁的主要作用是支撑上部结构,将上部结构的荷载转递到地基上
		构造梁(如圈梁、过梁、连系梁等)	圈梁的作用是增强建筑的整体刚度及墙身的稳定性,能抗裂、抗震等
2	从结构工程属性分	框架梁、砌体墙梁、砌体过梁、剪力墙连梁、剪力墙暗梁、剪力墙边框梁	框架梁是由水平和垂直的构件组成,形成一个稳定的框架结构
3	从施工工艺分	现浇梁、预制梁等	建筑结构中的钢筋混凝土梁有两种:在地面上制作好,然后用起重机吊上去安装,称为预制梁;在现场支模板、配筋,用混凝土直接浇筑,称为现浇梁
4	从结构中的位置分	主梁、次梁、连梁、圈梁、过梁	连梁跨度小、截面大,与连梁相连的墙体要具备一定刚度
5	从材料上分	型钢梁、钢筋混凝土梁、木梁、钢包混凝土梁等	钢筋混凝土梁是用钢筋混凝土材料制成的梁,形式多种多样,是房屋建筑、桥梁建筑等工程结构中最基本的承重构件,应用范围极广
6	从截面形式分	矩形梁、T形梁、十字形梁、工字形梁、匚形梁、口形梁、不规则梁	梁的形式多种多样,但变形规律和受力特点是一致的。梁的截面高度取决于梁的跨度,一般截面高度是跨度的1/12~1/10,梁截面宽度是其截面高度的1/3~1/2

续上表

序号	分类方式	分类	备注
7	从受力状态分	静定梁和超静定梁	静定梁是指几何不变,且无多余约束的梁。超静定梁是指几何不变,且有多余约束的梁
8	从房屋不同部位分	屋面梁、楼面梁、地下框架梁、基础梁	地下框架梁指地基反力仅由地下梁及其覆土的自重产生,不是由上部荷载的作用产生

2.梁的基本形式

(1)在土木工程活动中,常见梁的基本形式根据梁的横截面形式的不同主要分为:

矩形梁(图4.1-8)、工字形梁(图4.1-9)、T形梁(图4.1-10)、十字形梁(图4.1-11)、槽形梁(图4.1-12)等,它们都有对称轴。

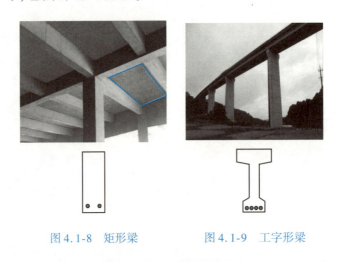

图4.1-8　矩形梁　　　　图4.1-9　工字形梁

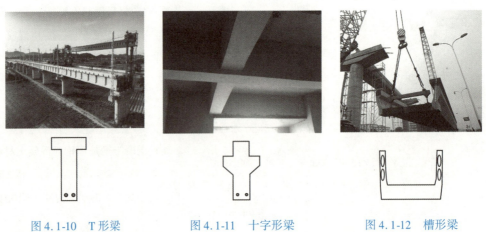

图4.1-10　T形梁　　　　图4.1-11　十字形梁　　　　图4.1-12　槽形梁

(2)常见梁的基本形式,根据梁的支座反力能否用静力平衡方程全部求出,将梁分为静定梁和超静定梁两类。

①凡是通过静力平衡方程就能够求出全部约束反力和内力的梁,称为静定梁,如

图 4.1-13 所示。

② 凡是支座反力数目大于有效平衡方程数目的梁,称为超静定梁,如图 4.1-14 所示。

图 4.1-13　静定梁示意图　　　　图 4.1-14　超静定梁示意图

（3）常见梁的基本形式,根据支座情况,将单跨静定梁分为悬臂梁、简支梁、外伸梁三种基本形式,详见表 4.1-2。

单跨静定梁分类　　　　　　　　　　　表 4.1-2

分类	示意图	实图
悬臂梁	一端固定,一端自由 固定端　　　自由端 A ——l—— B	法国留尼汪岛悬臂梁公路桥
简支梁	一端固定铰支座,一端活动铰支座 固定铰支座　　　辊轴支座 A ——l—— B	福建长乐广场南路桥
外伸梁	外伸端　固定铰支座　辊轴支座 C —l_2— A —l_1— B 一端外伸 外伸端　固定铰支座　辊轴支座　外伸端 C —l_2— A —l_1— B —l_3— D 两端外伸	楼房外伸梁阳台

①悬臂梁。一端为固定端支座,另一端为自由端的梁,称为悬臂梁。

【案例】 甘孜藏族自治州新龙县乐安乡境内横跨雅砻江的波日桥如图 4.1-15 所示。这座古老的悬臂梁桥,一端埋入桥墩,一端自由,悬臂梁承担自重和人群等荷载。该桥始建于清朝,长 125m,宽 3m,孔径 60m,由桥身、桥墩、桥亭三部分构成。桥墩远看形如两个坚固的碉堡,全部用圆杉木、卵石、片石相间叠砌而成。两个桥墩中部,用 4～6 根圆木撑成拱形,圆木长度自下而上逐步递增,形成两个悬挑臂,然后在悬臂上架梁、铺上桥板,再装上栏杆,构成桥身。桥墩上用石片叠的"伞"形结构,便是桥亭。最为称奇的是,整座桥没有用一颗钉、一块铁,每一个结合部均用木楔连接,原始而实用。

a) 悬臂梁侧面

b) 正面全景

图 4.1-15 新龙县波日桥

1930 年,西藏噶厦政府的军队从甘孜进驻新龙,为了战略需要,烧毁了城区附近的 6 座藏式伸臂桥。使原本就处于甘孜藏族自治州肚脐地带的新龙,更显得与世隔绝。风雨飘摇中幸存的波日桥,成为当时人们出入新龙的交通要道。由于超负荷使用,破旧不堪的波日桥摇摇欲坠。1933 年,新龙甲拉西乡一位名叫莫特·亚马的藏族民间建筑师,临危受命,承担了维修波日桥的工作,通过几个月的努力,亚马率领藏族人民冒风雪顶严寒,在保存波日桥历史原貌的基础上,将桥维修一新。1936 年 6 月,红四方面军与红六军团在新龙会师后,经波日桥挥师北上。此后,当地群众亲切地称该桥为"红军桥"。2006 年,波日桥被列为第六批全国重点文物保护单位。(以上资料来源于四川文物局官网)

②简支梁。简支梁是指梁一端为固定铰支座,另一端为可动铰支座(不加水平约束的支座)的梁,如图 4.1-16 所示。

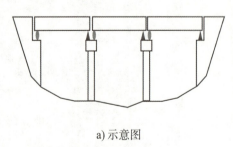
a) 示意图   b) 实景图

图 4.1-16 简支梁桥

知识拓展

简支梁桥与连续梁桥(图 4.1-17)

简支桥梁是梁式桥上部结构分跨简支于桥墩(台)上,即两端搁置在支座上,如图 4.1-18 所示。简支桥梁属于静定结构。

连续梁桥是两跨或两跨以上连续的梁桥,即有 3 个或者 3 个以上的支座,如图 4.1-19 所示。连续梁桥属于超静定结构。

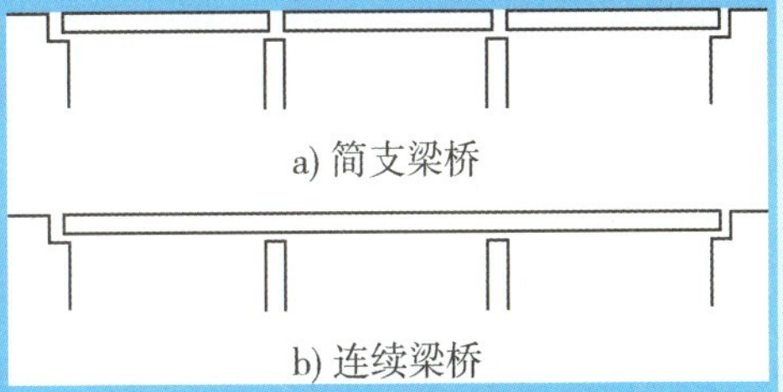

图 4.1-17 简支梁桥与连续梁桥示意图

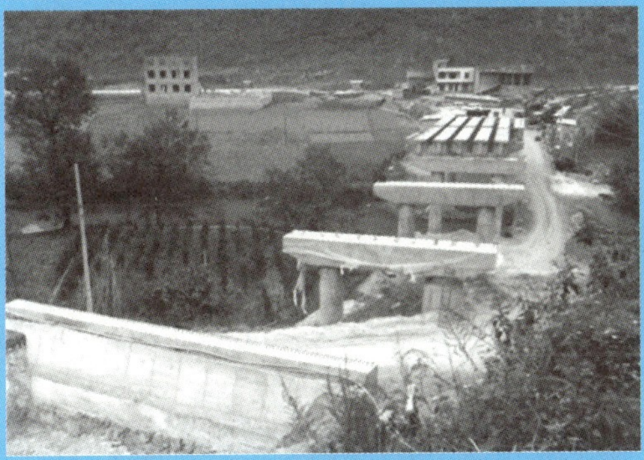

图 4.1-18 简支梁桥(施工中) 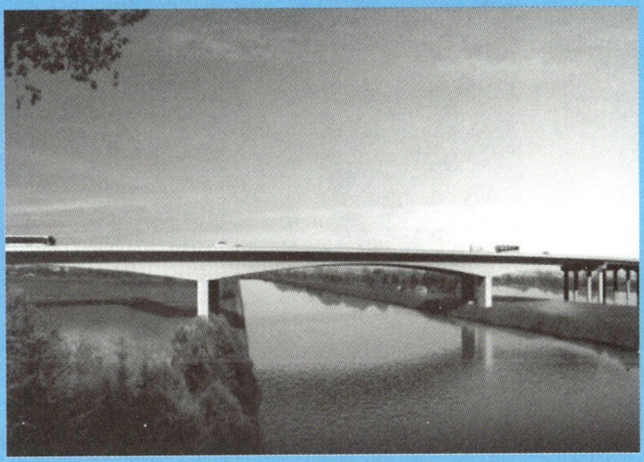　　图 4.1-19 连续梁桥

③外伸梁。梁身的一端或两端伸出支座的简支梁,称为外伸梁,如图 4.1-20 所示。

【案例】　学校教学大楼的大梁,支承在两面纵墙上,外伸部分(图 4.1-21)承受走廊传来的荷载,在两墙之间承受楼板自重、桌椅、人群等荷载。

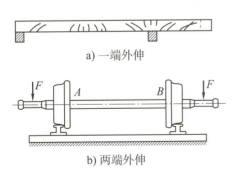

图 4.1-20　外伸梁示意图

图 4.1-21　外伸走廊

四、梁的弯曲变形

梁的轴线是直线为直梁,轴线是曲线为曲梁,这里主要介绍直梁。有对称平面的梁称

为对称梁,没有对称平面的梁称为非对称梁。

1. 梁的弯曲

梁受到外荷载作用时会发生变形,有些变形是可见的,有些变形是需要借助仪器设备才能观测到的。

梁的弯曲

在工程中,经常遇到杆件所受外力的作用线是垂直于杆轴线的平衡力系(或在纵向平面内作用外力偶),在这些外力作用下,杆的轴线由直线变成曲线。如图 4.1-22 所示,楼面梁在外力作用下变形,图 4.1-22b) 中虚线表示杆(楼面梁)在外力作用下变形后的轴线,这种变形称为弯曲。

 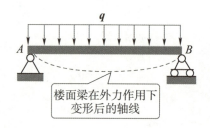

a) 楼面梁受力示意图　　　　b) 楼面梁轴线由直线变成曲线示意图

图 4.1-22　梁弯曲示意图

以弯曲为主要变形的构件称为受弯构件,梁是最常见的受弯构件,例如主梁、次梁、过梁等。梁的横截面的竖向对称轴与轴线所构成的平面称为纵向对称平面。有对称平面的梁称为对称梁,没有对称平面的梁称为非对称梁。

当作用于梁上的力(包括主动力和约束反力)全部都在梁的同一纵向对称平面内时,梁变形后的轴线也在该平面内,这种力的作用平面与梁的变形平面相重合的弯曲称为平面弯曲,如图 4.1-23 所示。

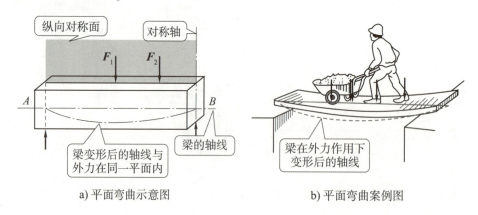

a) 平面弯曲示意图　　　　b) 平面弯曲案例图

图 4.1-23　平面弯曲

工程中一般为等截面直梁,平面弯曲梁的特征:

(1)几何特征:梁的横截面有对称轴。所有横截面的对称轴集合成纵向对称平面,如

图 4.1-24 所示;

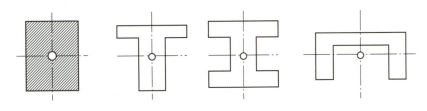

图 4.1-24 纵向对称面示意图

（2）受力特征：梁上外力垂直于梁的轴线，且外力和力偶都作用在纵向对称面内，如图 4.1-25 所示;

（3）变形特征：梁轴线在纵向对称面内弯成一条曲线（挠曲线），如图 4.1-26 所示。

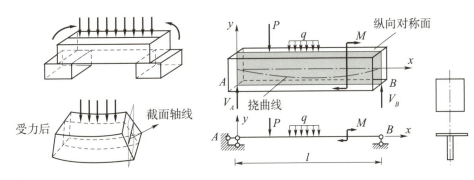

图 4.1-25　直梁受力示意图　　　　图 4.1-26　直梁变形示意图

2. 梁变形的基本位移

在结构设计中，梁主要承受垂直于其轴线的荷载，柱主要承受平行于其轴线的荷载，所以梁的变形主要是弯曲变形，柱主要是轴向拉伸（压缩）变形。

（1）挠度。

梁弯曲变形时，横截面形心沿与轴线垂直方向的线位移称为挠度，用 y 表示。建筑物的基础、上部结构或构件等在弯矩作用下因挠曲引起的垂直于轴线的线位移，通常指竖向位移，即构件的竖向变形，其与荷载大小、构件截面尺寸以及构件的材料物理性能有关。挠度 y 与 y 轴同向为正，反向为负，如图 4.1-27 所示。

（2）挠曲线。

平面弯曲时，梁的轴线将变为一条在梁的纵向对称面内的平面曲线，该曲线称为梁的挠曲线，如图 4.1-27 所示。

（3）转角。

弯曲变形时横截面相对其原来的位置转过的角度称为转角，用 θ 表示，逆时针转向为正，顺时针转向为负，如图 4.1-27 所示。

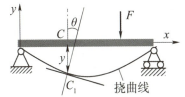

图 4.1-27　梁的弯曲变形示意图

（4）挠曲线方程。

挠度和转角的值都是随截面位置而变的，在讨论弯曲变形问题时，通常选取坐标轴 x 轴向右为正，y 轴向下为正。选定坐标轴之后，梁各横截面处的挠度 γ 将是横截面位置坐标 x 的函数，其表达式称为梁的挠曲线方程，即 $\gamma = f(x)$。

挠曲线方程在截面 x 处的值，即等于该截面处的挠度。

挠曲线在截面位置坐标 x 处的斜率，或挠度 γ 对坐标 x 的一阶导数，等于该截面的转角。

（5）简单荷载单独作用下梁的变形，详见表 4.1-3。

简单荷载单独作用下梁的变形　　　　表 4.1-3

序号	梁的受力示意图	挠曲线方程	端截面转角	最大挠度
1		$\gamma = -\dfrac{mx^2}{2EI}$	$\theta_B = -\dfrac{ml}{EI}$	$\gamma_B = -\dfrac{ml^2}{2EI}$
2		$\gamma = -\dfrac{Px^2}{6EI}(3l - x)$	$\theta_B = -\dfrac{Pl^2}{2EI}$	$\gamma_B = -\dfrac{Pl^3}{3EI}$
3		$\gamma = -\dfrac{Px^2}{6EI}(3a - x)$ $(0 \leq x \leq a)$ $\gamma = -\dfrac{Pa^2}{6EI}(3x - a)$ $(a \leq x \leq l)$	$\theta_B = -\dfrac{Pa^2}{2EI}$	$\gamma_B = -\dfrac{Pa^2}{6EI}(3l - a)$
4		$\gamma = -\dfrac{qx^2}{24EI}(x^2 - 4lx + 6l^2)$	$\theta_B = -\dfrac{ql^3}{6EI}$	$\gamma_B = -\dfrac{ql^4}{8EI}$

知识拓展

　　传统的桥梁挠度测量大都采用百分表或位移计直接测量，当前该方法在我国桥梁维护、旧桥安全评估或新桥验收中仍得到广泛应用。

　　直接测量方法的优点：设备简单，可以进行多点检测，直接得到各测点的挠度数值，测量结果稳定可靠。直接测量方法的不足：桥下有水时无法进行直接测量；受铁路或公路行车限界的影响无法测量跨线桥的挠度；也无法直接测量跨越峡谷等的高桥的挠度；无论布设还是移除仪表，直接测量方法都比较烦琐，耗时较长。

五、梁的内力

梁的弯矩与剪力

1. 梁的弯矩和剪力

梁横截面的内力一般指弯矩、剪力。梁在外荷载作用下，会产生弯曲变形和剪切变形，而梁的内力就是梁在荷载作用下，梁内各截面将产生效应，即弯矩和剪力。

由于梁上的外力垂直于轴线且在纵向对称平面内，从平衡的角度看，梁横截面的内力只能位于纵向对称面内。横向集中内力对应剪切变形称为剪力，用 F_s 表示，为截面一侧所有竖向分力的代数和；内力偶对应弯曲变形，其力偶矩称为弯矩，用 M 表示，为截面一侧所有外力对截面形心力矩的代数和。

当我们考察弯曲梁的某个横截面时，在截面形心建立直角坐标系，剪力 F_s 与截面平行，弯矩 M 作用面在纵向对称面内，方向沿 Z 轴方向，如图 4.1-28 所示。

2. 作用在梁上的荷载

（1）作用在梁上的荷载有集中力、集中力偶矩、均布荷载三种，如图 4.1-28 所示。

①集中力：力作用在很小的面积上，可简化为作用于一点，如图 4.1-29 所示。

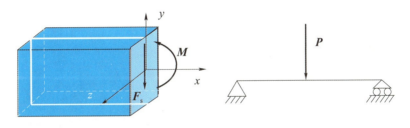

图 4.1-28　横截面上的剪力和弯矩　　图 4.1-29　集中力示意图

②集中力偶矩：力偶两力分布在很短一段梁上，可简化为作用在梁的某一截面上，如图 4.1-30 所示。

③均布荷载：荷载分布在较长范围，以单位长度受力 q 表示，如图 4.1-31 所示。

图 4.1-30　集中力偶矩示意图　　图 4.1-31　均布荷载示意图

（2）集中力和均布荷载与坐标轴同向为正、反向为负；集中力偶矩以逆时针为正、顺时针为负。

3. 梁的内力符号规定

通过大量截面法求内力的案例，发现分别取左、右梁段所计算的同一截面上的内力数值虽然相等,但方向(或转向)却正好相反,为了使根据两段梁的平衡条件计算的同一截面上的剪力和弯矩具有相同的正、负号,规定:依据内力与变形一致的关系,用横截面附近梁段的变形方向来规定剪力、弯矩的正负号。所谓正、负,并不是弯矩的本质有正有负,是为运算方便规定的。

(1)剪力的正、负号规定。

在横截面 m-m 处,截面上的剪力使分离体有作顺时针转动趋势时为正,反之为负,即微段发生左侧截面向上而右侧截面向下的相对错动时,剪力规定为正,反之为负,如图 4.1-32 所示。

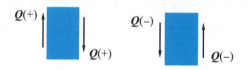

图 4.1-32 剪力的正、负号规定

梁的受力分析

(2)弯矩的正、负号规定。

在相邻两截面处从梁中截出一微段,规定使该微段发生下凸上凹形变(下部受拉、上部受压)的弯矩为正号,反之为负,如图 4.1-33 所示。

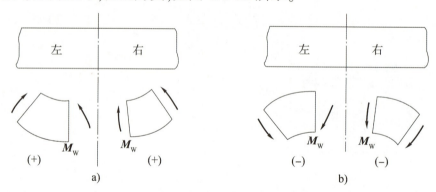

图 4.1-33 弯矩的正、负号规定

注意:按以上正负号规定,不论分析梁哪部分,所得内力数值和符号都相同,即梁弯曲成凹面向上时的弯矩为正;梁弯曲成凸面向上时的弯矩为负。

对于工程结构中的一根梁(指水平向的构件),当构件区段下侧受拉时,我们称此区段所受弯矩为正弯矩;当构件区段上侧受拉时,我们称此区段所受弯矩为负弯矩。

任务实施

认识支承楼板的梁

第一步 判断梁的类型。

支承楼板的梁,包含主梁和次梁,其位置如图 4.1-34 和图 4.1-35 所示。

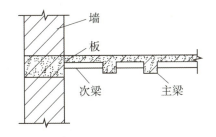
图 4.1-34　楼板梁简图

图 4.1-35　楼板梁实图

第二步　分析梁的变形。

支承楼板的两根梁,其中主梁的两端支撑在柱或墙上,次梁的一端支撑在其他梁或墙柱上。

主梁既承担竖向力又承担水平力;次梁只承担竖向力,并传力至主梁,主梁的受力变形如图 4.1-36 所示。

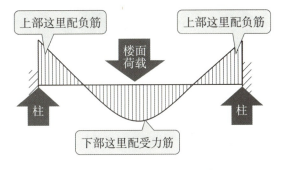
图 4.1-36　主梁的受力变形示意图

第三步　认识梁的作用。

(1) 主梁与同框架柱相连,用来支撑柱子和墙面,强度大、刚度大、可抗震。

(2) 次梁与主梁连接,主要作用是传递荷载,强度小、刚度小、无延伸性。

认识阳台的外伸梁

第一步　判断梁的类型。

阳台的挑梁属于外伸梁,挑梁(外伸梁)的位置如图 4.1-37、图 4.1-38 所示。

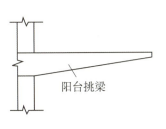
图 4.1-37　阳台简图

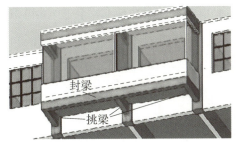
图 4.1-38　阳台实图

第二步　分析梁的变形。

阳台挑梁(图 4.1-39)是在阳台两侧及外侧均设置结构梁,悬挑弯矩由挑梁承担,其受力变形如图 4.1-40 所示。

第三步　认识梁的作用。

挑梁的主要作用是支承楼板和墙体的重力荷载。简单地说,就是用来增加阳台的承重。

阳台挑梁是阳台横墙内向外延伸的一根房梁,其内部有钢筋,可以让挑梁的承重力更强,但阳台的承重力还是比室内差很多,因为没有承重墙,都是依靠挑梁来承重。

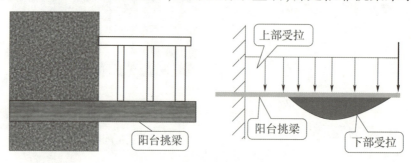

图4.1-39　阳台挑梁示意图　　　图4.1-40　阳台挑梁受力变形示意图

认识门窗过梁

第一步　判断梁的类型。

钢筋混凝土门窗过梁属于构造梁,其位置如图4.1-41、图4.1-42所示。

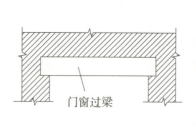

图4.1-41　门窗过梁简图　　　图4.1-42　门窗过梁实图

第二步　分析梁的变形。

过梁是梁式承重构件,用在墙体门、窗等洞口上部,承受洞口以上的墙体自重或该墙体上的楼板荷载,其受力如图4.1-43和图4.1-44所示。

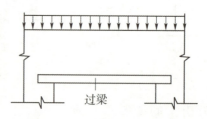

图4.1-43　门窗过梁施工图　　　图4.1-44　门窗过梁受力示意图

第三步　认识梁的作用。

门窗过梁是设在建筑物门、窗等洞口上的承重梁。过梁有木梁、钢筋混凝土梁、钢筋砖、砖砌平拱和砖砌弧拱等形式。

门窗过梁的作用是支承洞口部砌体所传递各种荷载,并将荷载传递给门窗两侧的墙上,以免门窗框被压坏或变形。洞口两边墙门窗设置横梁,其目的是抵抗振动和不均匀沉降。

任务训练

见本教材配套的学习任务单 4.1(1) 和学习任务单 4.1(2)。

任务 4.2　梁的内力图绘制

案例导入

一框架结构楼房(图 4.2-1),其框架结构中的主梁把各个方向的柱连接成整体,使之共同工作。在框架结构中,主要受力构件有梁和柱,梁主要承受的就是水平力,柱主要承受的就是竖向力;板上平面均布荷载传到梁的支座,即框架柱上,砖墙的自重通过梁、板传给柱,如图 4.2-2 所示,因此,梁承托着建筑物上部构架中的构件及屋面的全部自重,是建筑上部构架中最为重要的部分。

图 4.2-1　框架结构楼房

图 4.2-2　框架结构

那么梁在受到外力作用下,其内力情况怎么样? 要回答这一问题,我们需要先掌握梁的内力计算和内力图绘制。

思考回答

1. 你知道梁受外力作用后,有哪些内力?

_____

_____

_____

2. 现代建筑中的房梁多为钢木、钢、钢筋混凝土房梁,房梁的作用是什么?

———————————————————————————————————

———————————————————————————————————

———————————————————————————————————

3. 如果建筑物梁出现了损伤,对建筑物会造成什么影响?

———————————————————————————————————

———————————————————————————————————

———————————————————————————————————

理论知识

梁的内力图绘制

一、梁的内力计算

梁的内力计算是进行梁的强度设计的基础性工作,主要考虑弯矩和剪力,然而一个稳定的结构,应该是几何不变体系,为了能计算这个结构内部各个部位的内力、位移、应变、应力等,就必须要把这个结构以外的所有荷载、外力弄清楚,才能进行内部问题计算。关于梁的支座及支座反力我们在任务1.3中已经学习了,这里只简单介绍梁支座简化图,其余不再赘述。

1. 梁的支座及支座反力

可动铰支座:只有一个垂直于支承面方向的支座反力 F_{Ry},如图4.2-3a)所示。

固定铰支座:其反力通过铰中心,但大小和方向均未知,一般将其分解为两个相互垂直的分量,即水平分量 F_{Rx} 和竖向分量 F_{Ry} 的两个支座反力,如图4.2-3b)所示。

固定端支座:其支座反力的大小、方向都是未知的,通常把支座反力简化为三个分量 F_{Rx}、F_{Ry} 和 M,即三个支座反力,如图4.2-3c)所示。

2. 梁的内力分析及计算

梁横截面的内力主要有弯矩和剪力,如图4.2-4所示。大多数梁的方向都与建筑物的横断面一致,梁在外力作用下,其横截面上的内力可以通过截面法求出来。

采用截面法,计算构件各截面内力的步骤,详见表4.2-1。

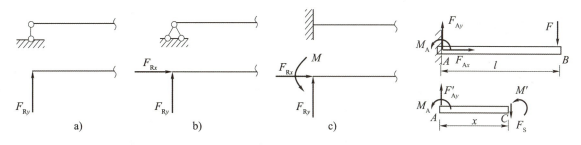

图 4.2-3 梁支座简化图　　　　　图 4.2-4 梁的内力示意图

截面内力的计算步骤　　　　　　　　　　表 4.2-1

步骤	步骤内容	方法
第一步	计算约束反力	计算结构的支座反力和约束
第二步	截一段分析受力	在需要计算内力的地方将构件截为两段
第三步	画受力图	画隔离体受力图
第四步	列平衡方程	对截面中心建立力矩平衡方程
第五步	计算内力	截面上的内力按正向假设计算内力
第六步	画内力图	根据内力计算结果画出内力图

例如,如图 4.2-5a)所示简支梁,梁在截面 m-m 上内力——剪力 F_S 和弯矩 M 的具体数值可由分离体的平衡条件求得。

①选取左段梁为分离体,梁的内力分析如图 4.2-5b)所示。

②根据左段梁的平衡条件,由平衡方程

$$\sum F_y = 0, \sum F_{RA} - F_S = 0$$

图 4.2-5 梁的内力分析图

③以矩心 O 为截面 m-m 的形心,如图 4.2-5b)所示。

$$\sum M_O = 0, \ -F_{RA}x + M = 0 \rightarrow F_S = F_{RA}, M = F_{RA}x$$

 小贴士

以上算例,我们也可以选择右段梁为分离体,利用其平衡条件求出梁在 m-m 截面上的内力,其结果与上面取左段梁为分离体时求得的 F_S、M 大小相等但方向相反,如图 4.2-5c)所示。

任务实施

计算剪力 F_S 和弯矩 M

有一外伸梁 AB，C 点为固定铰支座，B 点为可动铰支座，AC、CD、DB 均为 $l/2$，如图 4.2-6a) 所示，计算外伸梁 D 截面上的剪力和弯矩。

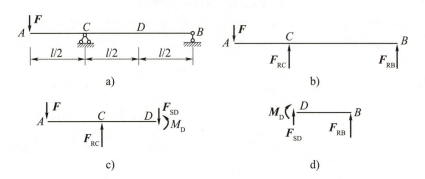

图 4.2-6　梁的内力分析图

任务分析

第一步　计算支座反力 F_{RC} 和 F_{RB}，如图 4.2-6b) 所示。

由平衡方程

$$\sum M_C = 0, F_{RB}l + F\frac{l}{2} = 0$$

$$\sum M_B = 0, -F_{RC}l + F\frac{3l}{2} = 0$$

可得

$$F_{RC} = \frac{3F}{2}, F_{RB} = -\frac{F}{2}$$

第二步　截一段分析受力。

将梁沿横截面 D 截开，取左段分离体为研究对象，在分离体上标明未知内力 F_{SD} 和 M_D 的方向（按符号规定的正号方向标明）。

第三步　画分离体受力图。

分离体受力图，如图 4.2-6c) 所示。

第四步　列平衡方程计算内力。

计算 D 截面上的剪力 F_{SD} 和弯矩 M_D，考虑分离体的平衡。

平衡方程　　　　　$\sum F_y = 0, F_{RC} - F - F_{SD} = 0$

计算 $$F_{SD} = F_{RC} - F = \frac{F}{2}$$

平衡方程 $$\sum M_O = 0, \quad -F_{RC}\frac{l}{2} + Fl + M_D = 0$$

计算 $$M_D = -Fl + F_{RC}\frac{l}{2} = -\frac{Fl}{4}$$

由上可知，F_{SD} 为正值，说明 D 截面上剪力的实际方向与假定的方向相同；M_D 为负值，说明 D 截面上弯矩的实际方向与假定的方向相反。

我们也可以取 D 截面右段分离体为研究对象，如图 4.2-6d) 所示，利用分离体的平衡条件计算剪力 F_{SD} 和弯矩 M_D，计算结果：_____

小贴士

> 1. 梁在任意截面上的剪力，在数值上等于该截面任意一侧（左侧或右侧）分离体上所有的外力（包括支座反力）沿该截面切向投影的代数和。根据剪力正、负号的规定，在左边梁上向上的外力（或右边梁上向下的外力）引起正剪力；反之，引起负剪力。
>
> 2. 梁在任意截面上的弯矩，在数值上等于该截面任意一侧（左侧或右侧）分离体上所有的外力（包括支座反力）对该截面形心的力矩的代数和。根据弯矩正、负号的规定，向上的外力（无论是左边梁上，还是右边梁上）均引起正弯矩；反之，引起负弯矩。

二、梁的内力图

1. 剪力图、弯矩图

为了形象直观地表示内力沿截面位置变化的规律，通常将内力随截面位置变化的情况绘成图形，这样的图形分别称为剪力图和弯矩图，即内力图。

构件的强度、刚度和稳定性与材料的力学性质有关，材料决定了荷载，而梁的内力图通常与荷载作用位置有关。

假设梁截面位置用沿梁轴线的坐标 x 表示，则梁的各个横截面上的剪力和弯矩都可以表示为坐标 x 的函数，即：

$$F_S = F_S(x) \text{ 和 } M = M(x)$$

通常把它们叫作梁的**内力方程——剪力方程和弯矩方程**。

2. 绘制内力图

剪力图和弯矩图是按剪力方程和弯矩方程在坐标系内绘制而成。

(1)绘制内力图的步骤

①计算反力(悬臂梁可不必求反力)。

②分段:凡外力不连续处均应作为分段点,如集中力及力偶作用点两侧的截面、均布荷载起讫点及中间若干点等。用截面法计算出这些截面的内力值,并将它们在内力图的基线上用竖标绘出,即为内力图的各控制点。

③连线:根据各段梁内力图的形状,分别用直线或曲线将各控制点依次相连,即得所需要的内力图。

(2)常见梁的内力图

梁的内力图与梁上作用的荷载位置有关,例如,悬臂梁内力图、简支梁内力图、两端固定梁内力图如图4.2-7~图4.2-9所示。

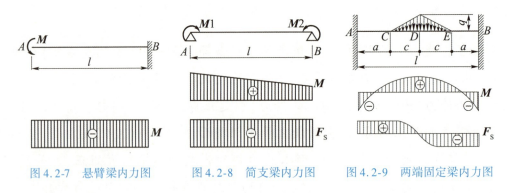

图4.2-7 悬臂梁内力图　　图4.2-8 简支梁内力图　　图4.2-9 两端固定梁内力图

3.内力图的规律

(1)在无荷载作用区,当剪力图平行于 x 轴时,弯矩图为斜直线。当剪力图为正时,弯矩图斜向右下;当剪力图为负时,弯矩图斜向右上。

(2)在均布荷载作用下的规律是:荷载朝下方,剪力往右降,弯矩凹朝上。

(3)在集中力作用处,剪力图发生突变,突变的绝对值等于集中力的大小;弯矩图发生转折。

(4)在集中力偶作用处弯矩图发生突变,突变的绝对值等于该集中力偶的力偶矩;剪力图无变化。

(5)在剪力为零处有弯矩的极值。

任务实施

绘制梁的内力图

有一集中力 F,大小为10kN,其作用在梁的中心位置,绘制梁的内力图。

第一步 计算结构的约束反力。

梁上有一个集中力 $F=10$ kN 作用在结构的中心位置,按照平衡方程,则两端支座约束反力均为 5kN,如图 4.2-10 所示。

第二步 截一段分析受力。

选取集中力 F 左侧为研究对象,如图 4.2-11 所示。

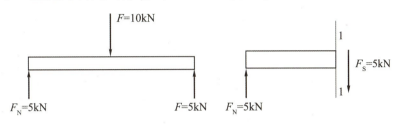

图 4.2-10　集中力作用下的受力图　　图 4.2-11　左半部分受力图

第三步 画分离体受力图。

将梁在 1-1 截面分开,选取分离体,由于梁左端有约束反力 $F_N=5$ kN,那么在 1-1 截面处必定有一个与之相反的力来约束,即剪力 F_S,$F_S=F_N=5$ kN,如图 4.2-11 所示。

第四步 内力图分析和绘制。

(1)剪力图。

选取左半部分为研究对象,分析可知 1-1 截面处剪力如图 4.2-12 所示,F_N 与 F_S 共同作用下梁发生了顺时针旋转剪力为正,同理得出右半部分发生了逆时针旋转剪力为负,如图 4.2-13 所示。

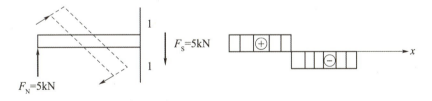

图 4.2-12　左半部分剪力分析图　　图 4.2-13　梁截面剪力图

(2)弯矩图。

选取梁左半部分为研究对象,分析可知 1-1 截面处弯矩如图 4.2-14 所示,大小为 $M_e=F_N\times L=5$ kN $\times L$。这种状态下使得梁产生上压下拉的受力情况,即正弯矩。同样的方法分析右半部分的受力情况,得到的也是正弯矩,最终整个梁的弯矩图,上压下拉,如图 4.2-15 所示。

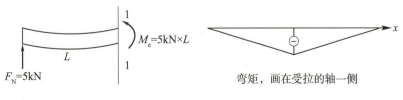

弯矩,画在受拉的轴一侧

图 4.2-14　左半部分弯矩分析图　　图 4.2-15　梁截面弯矩图

绘制剪力图和弯矩图

有一简支梁,如图 4.2-16 所示,全梁上受分布荷载作用,绘制剪力图和弯矩图。

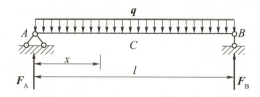

图 4.2-16 简支梁

第一步 计算支座反力。由于荷载对称,支座反力也对称,因此

$$F_A = F_B = \frac{ql}{2}$$

第二步 列剪力方程和弯矩方程。坐标原点取在左端 A 点处,距 A 点 x 处的任意截面,其剪力方程和弯矩方程为

$$F_S(x) = F_A - qx = \frac{ql}{2} - qx \quad (0 < x < l)$$

$$M(x) = F_A x - \frac{qx^2}{2} = \frac{ql}{2}x - \frac{qx^2}{2} \quad (0 \leq x \leq l)$$

第三步 绘制剪力图和弯矩图。

由上式可知,$F_S(x)$ 是 x 的一次函数,所以剪力图是一条斜直线,$M(x)$ 是 x 的二次函数,所以弯矩图是一条二次抛物线,如图 4.2-17 所示。

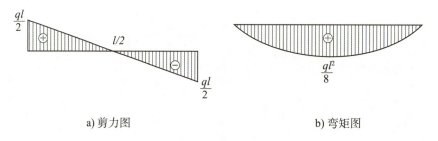

a) 剪力图　　　　　　　　　　b) 弯矩图

图 4.2-17 剪力图和弯矩图

从所作的剪力图和弯矩图可知,最大剪力发生在梁端而最大弯矩发生在剪力为零的跨截面,其值分别是

$$|F_{max}| = ql/2, \quad |M_{max}| = ql^2/8$$

任务训练

见本教材配套的学习任务单 4.2。

任务 4.3　认识梁的正应力及其强度条件

梁的正应力及强度条件

案例导入

阳台垮塌脱落的事件在现实生活中并不少见,如图 4.3-1 所示为垮塌脱落的外挑梁阳台。外挑梁阳台垮塌脱落的原因主要是梁的强度不够,而引起梁强度不够的常见原因有三种:一是设计考虑不周,造成外形尺寸不够,混凝土设计强度不够,配筋不够;二是施工单位在施工中偷工减料,以次充优;三是由于建筑物地基不均匀沉降。

图 4.3-1　垮塌脱落的阳台

梁的承载能力与梁的跨度、梁的截面尺寸、荷载大小与分布以及组成材料强度相关。在梁受外力弯曲时,控制梁强度的主要因素是梁的最大正应力。因此,要保证梁的安全,就需要知道梁的正应力计算和强度条件。

思考回答

1. 生活中,你见过阳台垮塌脱落的建筑物吗?举例说明。

2. 2019 年 10 月,江苏无锡 312 国道锡港路上跨桥发生桥面侧翻,如图 4.3-2 所示是桥面侧翻的受力分析图,你能说出导致桥面侧翻的力学原因吗?

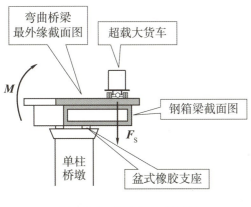

图 4.3-2　侧翻桥面受力图

理论知识

一、梁横截面上的正应力

1. 纯弯曲和横力弯曲

在梁的横截面上,如果只有弯矩而无剪力,则称这种弯曲为纯弯曲;如果既有弯矩又有剪力,则称这种弯曲为横力弯曲。如图 4.3-3 所示的简支梁,其中 CD 段是纯弯曲情况,而 AC 段和 DB 段则是横力弯曲情况。我们这里只介绍纯弯曲时梁横截面上的正应力。

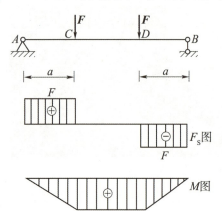

图 4.3-3 简支梁内力图

2. 纯弯曲时梁横截面上的正应力

取截面具有竖向对称轴(例如矩形截面)的等直梁,在梁侧面画上与轴线平行的纵向直线和与轴线垂直的横向直线,如图 4.3-4a)所示。然后在梁的两端施加外力偶 M_e,使梁发生纯弯曲,如图 4.3-4b)所示,此时可观察到下列现象:

①变形前互相平行的纵向直线,变形后变成弧线,且凹边纤维缩短、凸边纤维伸长。

②变形前垂直于纵向线的横向线,变形后仍为直线,且仍与弯曲了的纵向线正交,但两条横向线间相对转动了一个角度。

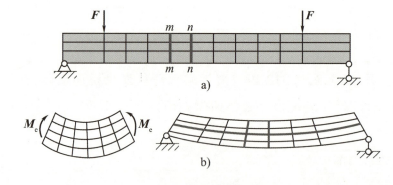

图 4.3-4 矩形截面等直梁

根据所观察到的现象,对梁的内部变形情况进行推断,作出如下假设:

①梁的横截面在变形后仍然为一平面,并且与变形后梁的轴线正交,只是绕横截面内某一轴旋转了一个角度。这个假设称为平面假设。

②设想梁由许多纵向纤维组成。变形后,由于纵向直线与横向直线保持正交,即直角没有改变,可以认为纵向纤维没有受到横向剪切和挤压,只受到单方向的拉伸或压缩,即

靠近凹面纤维受压缩,靠近凸面纤维受拉伸。

根据以上假设,由于变形的连续性,纵向纤维自受压缩到受拉伸的变化之间,必然存在着一层既不受压缩又不受拉伸的纤维,这一层纤维称为中性层。中性层与横截面的交线称为中性轴,如图4.3-5所示。梁弯曲时,各横截面绕各自中性轴转过一角度。显然,中性轴垂直于横截面的竖向对称轴。

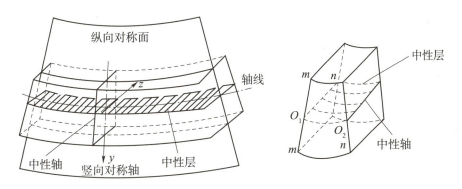

图4.3-5　矩形截面等直梁内部变形图示

3. 截面二次轴矩

(1) 截面二次轴矩概念

截面二次轴矩又称截面惯量,或截面对某一轴的惯性矩,通常是对受弯曲作用物体的横截面而言,是反映截面的形状与尺寸对弯曲变形影响的物理量。

(2) 弯曲作用下的变形概念

在荷载作用下梁要变弯,其轴线由原来的直线变成了曲线,构件的这种变形称为弯曲变形。弯曲作用下的变形或挠度不仅取决于荷载的大小,还与横截面的几何特性有关。例如,工字梁的抗弯性能就比相同截面尺寸的矩形梁好。

(3) 平面图形的形心

平面图形的几何中心称为形心。土木工程中常见的具有对称轴的杆件截面,形心在对称轴上。

① 截面如果有两条对称轴,这两条对称轴的交点就是截面图形的形心,如图4.3-6所示。

② 对于只有一个对称轴的图形其形心一定在该对称轴上,但是具体在哪里,需要计算来确定。如图4.3-7中T形截面的形心为C点,C点的位置需要由形心公式计算确定(计算y_c)。

(4) 对中性轴的截面二次矩

如图4.3-8所示,在截面内微面积ΔA与它到某轴的距离y的二次方的乘积$y^2 \Delta A$称为微面积对该轴的二次矩。截面内所有的微面积对中性轴z的二次矩的总和,称为对中性轴的截面二次轴矩：

$$I_z = \sum y^2 \Delta A \tag{4.3-1}$$

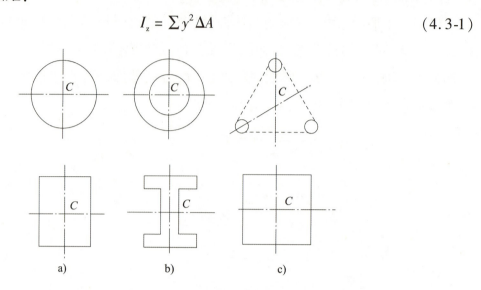

图 4.3-6　两对称轴的交点为截面的形心

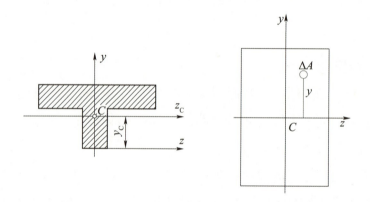

图 4.3-7　平面 T 形的形心　　图 4.3-8　对中性轴的截面二次矩

对于常见的简单截面，中性轴为其对称轴，对中性轴 z 的截面二次轴矩，详见表 4.3-1。

常见简单截面的二次轴矩　　　　表 4.3-1

截面	图示	中性轴的截面二次轴矩 I_z
矩形截面	（矩形，边长 $b \times h$）	中性轴为对称轴，对中性轴 z 的截面二次矩为 $I_z = \dfrac{bh^3}{12}$ 梁作水平方向的弯曲，对中性轴 y 的截面二次矩为 $I_y = \dfrac{hb^3}{12}$
圆截面	（圆，直径 d）	$I_z = I_y = \dfrac{\pi d^4}{64}$

续上表

截面	图示	中性轴的截面二次轴矩 I_z
圆环形		$I_z = I_y = \dfrac{\pi D^4 (1-\alpha^4)}{64}$ $\alpha = \dfrac{d}{D}$

4. 弯曲截面系数（W）

弯曲截面系数是截面对其形心轴惯性矩与截面上最远点至形心轴距离的比值，主要用来计算弯矩作用下截面最外边的正应力。弯曲截面系数只与截面的形状及尺寸有关，是衡量截面抗弯能力的一个几何量，单位为 mm^3 或 m^3。简单截面弯曲截面系数详见表4.3-2。

简单截面弯曲截面系数　　　　　　　　　　　表4.3-2

截面	图示	弯曲截面系数	
矩形截面		中性轴为对称轴	$W_z = \dfrac{bh^2}{6}$
		梁作水平方向的弯曲	$W_y = \dfrac{hb^2}{6}$
实心圆截面		$W_z = W_y = \dfrac{\pi d^3}{32}$	
空心圆截面		$W_z = W_y = \dfrac{\pi D^3 (1-\alpha^4)}{32}$ $\alpha = \dfrac{d}{D}$	

5. 梁的横截面上，任一点处的弯矩正应力为

$$\sigma = \frac{My}{I_z} \quad (4.3\text{-}2)$$

式中：M——横截面上的弯矩；

　　　y——横截面上待求应力点至中性轴的距离；

　　　I_z——横截面对中性轴的截面二次矩。

M 为正时，中性轴上部截面受压，下部截面受拉；M 为负时，中性轴上部截面受拉，下部截面受压；σ 在受拉区为正，受压区为负。

小贴士

在使用式(4.3-1)计算正应力时,通常以 M、y 的绝对值代入,计算出大小,再根据弯曲变形判断应力的正(拉)或负(压)。即以中性层为界,梁的凸出边的应力为拉应力,梁的凹入边的应力为压应力。

6. 横截面上正应力的分布规律和最大正应力

在同一横截面上,弯矩 M 和惯性矩 I_z 为定值,因此,由式(4.3-2)可以看出,梁横截面上某点处的正应力 σ 与该点到中性轴的距离 y 成正比。

当 $y=0$ 时,$\sigma=0$,中性轴上各点处的正应力为零;中性轴两侧,一侧受拉,另一侧受压;离中性轴最远的上、下边缘 $y=y_{max}$ 处正应力最大,一边为最大拉应力 σ_{tmax},另一边为最大压应力 σ_{cmax},如图 4.3-9 所示。

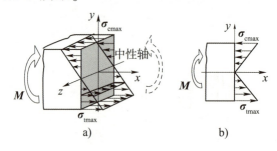

图 4.3-9 横截面上正应力的分布图

最大正应力值 σ_{cmax} 计算公式如下

$$\sigma_{cmax} = \frac{My_{max}}{I_z} \tag{4.3-3}$$

式中:y_{max}——横截面上待求应力点至中性轴的距离。

令

$$W_z = \frac{I_z}{y_{max}} \tag{4.3-4}$$

则最大正应力可表示为

$$\sigma_{cmax} = \frac{M}{W_z} \tag{4.3-5}$$

式中:M——横截面上的弯矩;

W_z——横截面对中性轴 z 的**弯曲截面系数**,单位为 mm^3 或 m^3。

二、梁的正应力强度条件及其应用

在很多情况下,剪力和弯矩沿梁长度方向的分布不是均匀的。对梁进行强度计算,需要知道哪些横截面可能最先发生失效,这些横截面称为危险截面。

最大正应力发生在弯矩绝对值最大的截面上下边缘上,如图 4.3-10 所示。

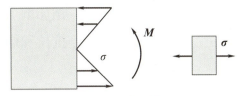

图 4.3-10　截面弯矩

1. 梁的正应力强度条件

为保证梁安全工作,梁内最大弯曲正应力应当控制在强度允许的范围内,即最大正应力不超过材料的许用应力,这就是梁的强度条件。在梁的强度计算中,必须同时满足正应力和剪应力两个强度条件。

通常先按正应力强度条件设计出截面尺寸,然后按剪应力强度条件进行校核。对于细长梁,按正应力强度条件设计的梁一般都能满足剪应力强度要求,就不必校核剪应力,但在以下几种情况下,需校核梁的剪应力:

① 最大弯矩很小而最大剪力很大的梁;

② 焊接或铆接的组合截面梁(如工字形截面梁)。

(1) 对于许用压应力远大于许用拉应力的脆性材料,强度条件为

$$\sigma_{tmax} = \frac{My_{tmax}}{I_z} \leqslant [\sigma_{tmax}] \tag{4.3-6}$$

式中:σ_{tmax}——梁内最大拉应力;

　　　M——危险截面的弯矩;

　　　y_{tmax}——危险点到中性轴的距离;

　　　I_z——对中性轴的截面二次矩;

　　　$[\sigma_{tmax}]$——许用拉应力。

$$\sigma_{cmax} = \frac{My_{cmax}}{I_z} \leqslant [\sigma_{cmax}] \tag{4.3-7}$$

式中:σ_{cmax}——梁内最大压应力;

　　　M——危险截面的弯矩;

　　　y_{cmax}——危险点到中性轴的距离;

　　　I_z——对中性轴的截面二次矩;

　　　$[\sigma_{cmax}]$——许用压应力。

注意:危险截面指产生最大正应力的截面,危险点指最大正应力所在的点。梁内最大压应力与最大拉应力不一定发生在同一截面,须注意确定各自危险截面的弯矩。

(2) 对于许用压应力等于许用拉应力的塑性材料,强度条件为

$$\sigma_{max} = \left| \frac{M}{W_z} \right|_{max} \leqslant [\sigma] \tag{4.3-8}$$

当材料的抗拉与抗压能力不同时,常将梁的截面做成上、下与中性轴不对称的形式。例如倒 T 形截面梁,如图 4.3-11 所示,其正应力强度应同时满足抗拉和抗压强度[式(4.3-9)]的要求。

$$\begin{cases} \sigma_{tmax} = \dfrac{My_{tmax}}{I_z} \\ \sigma_{cmax} = \dfrac{My_{cmax}}{I_z} \end{cases} \tag{4.3-9}$$

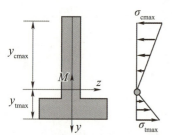

图 4.3-11　倒 T 形截面梁

2. 梁的正应力强度条件应用

梁的正应力强度可用来解决梁的三类问题:

(1)校核强度。

在已知梁的截面尺寸、材料及所受荷载情况下,对梁作正应力强度校核,即校核式(4.3-10)是否成立,以此判断梁是否满足强度要求。

$$\sigma_{max} = \dfrac{M_{max}}{W_z} \leqslant [\sigma] \tag{4.3-10}$$

(2)选择截面尺寸。

在已知梁的材料及荷载情况时,可根据式(4.3-11)确定抗弯截面系数,根据计算,选择截面尺寸。

$$\sigma_{max} = \dfrac{M_{max}}{W_z} \leqslant [\sigma], W_z \geqslant [\sigma] M_{max} \tag{4.3-11}$$

(3)确定许用荷载。

在已知梁的截面尺寸、材料时,先根据强度条件式(4.3-12)计算此梁能承受的最大弯矩,然后确定许用荷载。

$$M_{max} \leqslant W_z [\sigma] \tag{4.3-12}$$

再判断强度是否满足要求。

任务实施

计算悬臂梁截面上的正应力

有一矩形截面悬臂梁,在自由端作用一集中力 F,大小为 1.6kN,矩形截面悬臂梁长 L 为 2m,宽 b 为 120mm,高 h 为 180mm,如图 4.3-12 所示,计算 B 截面上 a、b、c 各点的正应力。

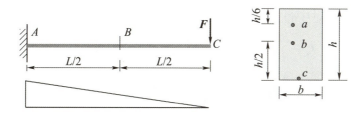

图 4.3-12 悬臂梁(一)

第一步 计算 B 截面的弯矩和截面二次轴矩。

$$M_B = \frac{1}{2}FL = 1600\text{N}\cdot\text{m}, \quad I_z = \frac{bh^3}{12} = 5.83\times10^{-5}\text{m}^4$$

第二步 计算 a 点的弯矩正应力。

$$\sigma_a = \frac{M_B y_a}{I_z} = \frac{\frac{1}{2}FL\cdot\frac{h}{3}}{\frac{bh^3}{12}} = 1.65\text{MPa}$$

第三步 计算 b 点和 c 点的弯矩正应力。

$$\sigma_b = 0 \qquad \sigma_c = \frac{M_B y_c}{I_z} = \frac{\frac{1}{2}FL\cdot\frac{h}{2}}{\frac{bh^3}{12}} = 2.47\text{MPa}(压)$$

计算悬臂梁截面上的正应力

长为 l 的矩形截面悬臂梁,在自由端处作用一集中力 F,如图 4.3-13 所示。已知 $F = 3\text{kN}$, $h = 180\text{mm}$, $b = 120\text{mm}$, $y = 60\text{mm}$, $l = 3\text{m}$, $a = 2\text{m}$,计算 C 截面上 K 点的正应力。

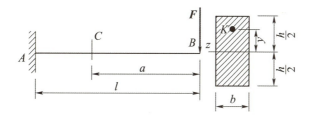

图 4.3-13 悬臂梁(二)

第一步 计算 C 截面的弯矩。

$$M_C = -Fa = -3\times 2 = -6(\text{kN}\cdot\text{m})$$

第二步 计算截面对中性轴的惯性矩。

$$I_z = \frac{bh^3}{12} = \frac{120 \times 180^3}{12} = 5.83 \times 10^7 (\text{mm}^4)$$

第三步 计算 C 截面上 K 点的正应力。

$$\sigma_K = \frac{M_C y}{I_z} = \frac{6 \times 10^6 \times 60}{58.32 \times 10^6} = 6.17 (\text{MPa})$$

由于 C 截面的弯矩为负，K 点位于中性轴上方，所以 K 点的应力为拉应力。

梁的强度校核

有一简支梁，受均布荷载作用，如图 4.3-14 所示，材料的许可应力 $[\sigma]$ 为 10MPa，校核该梁的强度。

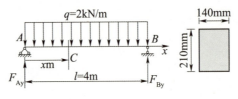

图 4.3-14　简支梁

校核梁的正应力强度步骤

第一步 计算支座反力。

$$F_{Ay} = 4\text{kN}, F_{By} = 4\text{kN}$$

第二步 计算最大弯矩。

$$M_{\max} = \frac{ql^2}{8} = 4\text{kN} \cdot \text{m}$$

第三步 绘制弯矩图（图 4.3-15）。

图 4.3-15　简支梁

第四步 计算弯曲截面系数。

$$W_z = \frac{bh^2}{6} = \frac{0.14 \times 0.21^2}{6} = 0.103 \times 10^{-2} (\text{m}^3)$$

第五步 计算最大正应力。

$$\sigma_{\max} = \frac{M_{\max}}{W_z} = \frac{4 \times 10^3}{0.103 \times 10^{-2}} = 3.88 (\text{MPa})$$

第六步 判断强度是否满足要求。

$\sigma_{max} = 3.88\text{MPa} < [\sigma] = 10\text{MPa}$，简支梁的强度满足要求。

选择截面尺寸

一热轧普通工字钢截面简支梁受力图如图 4.3-16 所示，已知：$l = 6\text{m}$，$F_1 = 15\text{kN}$，$F_2 = 21\text{kN}$，钢材的许用应力$[\sigma] = 170\text{MPa}$ 试选择工字钢的型号。

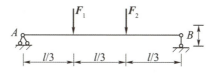

图 4.3-16 简支梁受力图

任务分析

选择工字钢的型号步骤

第一步 画弯矩图，确定 M_{max}。

如图 4.3-17 所示得：$M_{max} = 38\text{kN}\cdot\text{m}$。

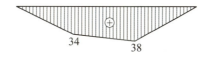

图 4.3-17 简支梁弯矩图

第二步 计算工字钢梁所需的抗弯截面系数。

$$W_{z1} \geq \frac{M_{max}}{[\sigma]} = \frac{38 \times 10^6}{170} = 223.5 \times 10^3 (\text{mm}^3) = 223.5\text{cm}^3$$

第三步 选择工字钢型号。

查型钢表得：20a 工字钢的 W_z 值为 237cm^3。

第四步 确定工字钢的型号。

20a 工字钢的 W_z 值为 237cm^3，略大于所需的 W_z 值 223.5cm^3，故采用 20a 号工字钢。

任务训练

见本教材配套的学习任务单 4.3。

模块测评

本模块知识测评和目标评价见教材配套学习任务册。

模块 5　连接件的剪切与挤压

素质目标：通过认识生活中的剪切和挤压,提高分析工程事故的能力。
知识目标：了解剪切和挤压的概念,掌握生活中常见的剪切和挤压变形分析。
能力目标：能对工程中各种常用连接件进行受力和变形分析。

任务 5.1　认识剪切

案例导入

剪板机是金属加工行业锻压机械中的一种,采用一个刀片相对另一刀片做往复直线运动来剪切板材,如图 5.1-1 所示,在运动的上刀片和固定的下刀片之间采用合理的刀片间隙,将各种厚度的金属板材裁剪成所需的尺寸。剪切机也是用于切断金属材料的一种机械设备,如图 5.1-2 所示。剪刀是生活中经常用到的一种工具,如图 5.1-3 所示,剪刀常用来剪切布、纸片、绳等片状或线状的物体,其两刃交错,可以开合。

图 5.1-1　剪板机　　　　图 5.1-2　剪切机　　　　图 5.1-3　剪刀

那么,这些工具中的"双刃"在剪切过程中起到了什么作用?要回答这一问题,我们需要先了解剪切过程中结构的受力特点。

思考回答

1. 生活中你还见过哪些剪切例子。

2. 产生剪切的结构会发生什么样的变形？

理论知识

一、常见的连接件形式

在构件连接处起连接作用的部件，称为**连接件**，例如：螺栓（图5.1-4），铆钉（图5.1-5），键（图5.1-6）等。在工程结构中，常用螺栓连接将两个或多个部件连成整体，如图5.1-7所示。铆钉可以将两个或两个以上的元件（一般为板材或型材）连接在一起，形成一种不可拆卸的静连接，如图5.1-8所示；铆钉较螺栓连接更为经济、质量更小，适于自动化安装，但铆钉连接不适于太厚的材料，材料越厚铆接难度越高。键通常用来连接轴和装在轴上的转动零件（如齿轮、带轮等），起传递扭矩的作用，如图5.1-9所示。

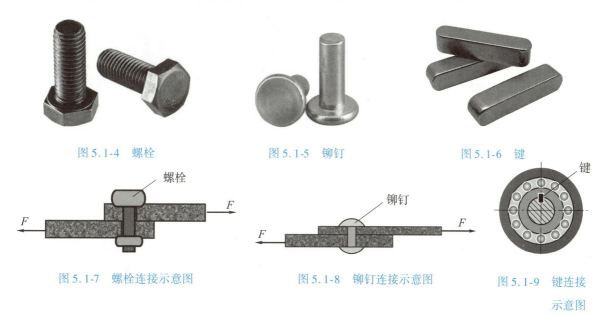

图5.1-4 螺栓 图5.1-5 铆钉 图5.1-6 键

图5.1-7 螺栓连接示意图 图5.1-8 铆钉连接示意图 图5.1-9 键连接示意图

 知识拓展

> 一般依螺栓强度等级不同,可以将螺栓分为普通螺栓和高强度螺栓。高强度螺栓的连接有摩擦型连接和承压型连接之分,前者对螺栓施加很大的预拉力,使被连接的部件接触面通过摩擦得以传力;后者则依靠螺栓杆受剪和被连接钢板的螺栓孔壁承压来传力。

二、剪切变形

剪切变形

常用的连接件一般都是承受剪切的零件。以铆钉连接为例,上下两片钢板以大小相等、方向相反的两个力作用在钢板上,使得铆钉上下两部分沿 n-n 截面发生错动变形。我们将构件在大小相等、方向相反、作用线相距很近的一对平行力的作用下发生的错动变形,称为剪切变形,发生相对错动的截面称为剪切面,如图 5.1-10 所示。

例如,桥梁支座是连接桥梁上部结构和下部结构的重要结构部件,位于桥梁和垫石之间,它能将桥梁上部结构承受的荷载和变形(位移和转角)可靠地传递给桥梁下部结构,是桥梁的重要传力装置。在安装桥梁支座时,支座悬空会引起支座初始变形过大,耐久性降低,剪切变形越大越欠好,长期过大变形将加快橡胶老化,会缩短支座使用寿命,影响桥梁正常使用,甚至导致安全事故,如图 5.1-11 所示。

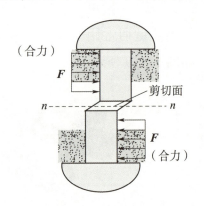
图 5.1-10 剪切变形示意图

图 5.1-11 桥梁支座剪切变形

三、剪力与剪应力

以铆钉为例,在剪切变形过程中,沿剪切面将铆钉分为上、下两个部分,其中 Q 是剪切面上与外力大小相等、方向相反的内力,这个内力沿截面作用,称为剪力,如图 5.1-12、图 5.1-13 所示。

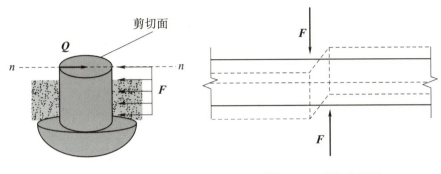

图 5.1-12　剪切变形　　　　图 5.1-13　剪切受力图

铆钉剪切面上,平行于剪切面的应力称为剪应力,剪应力的实际分布情况比较复杂。在实际计算中,一般假设剪切面上的剪应力是均匀分布的,用 τ 表示。若以 A 表示剪切面面积,则剪应力

$$\tau = \frac{Q}{A} \tag{5.1-1}$$

由式(5.1-1)算出的只是剪切面上的平均剪应力,是一个名义剪应力。剪应力的单位与应力一样,为 Pa,工程中常用 MPa。

认识螺栓连接中的剪切

图 5.1-14　螺栓连接

任务分析

第一步　判断发生剪切的构件。

螺栓是发生剪切的构件,其受到上下两块钢板的作用,并且作用在螺栓上面的力是大小相等、方向相反、作用线相距很近的一对平行力,如图 5.1-14 所示。

第二步　分析剪切变形。

由于受到大小相等,方向相反的两个力作用在钢板上,使得螺栓上、下两部分沿 n-n 截面发生错动的变形,剪切面为 S 截面,其错位变形如图 5.1-15 所示。

第三步　确定剪力和剪应力的大小。

计算螺栓剪切力时,沿剪切面 S 将受剪构件分为两部分,并以其中一部分为研究对象,剪力 Q 位于剪切面上,沿截面作用,其大小与外力相等、方向相反,如图 5.1-16 所示。若螺栓截面面积为 A,则剪应力 $\tau = \frac{Q}{A}$。

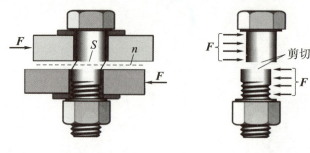

图 5.1-15　螺栓错位变形　　图 5.1-16　螺栓受力分析图

任务训练

见本教材配套学习任务册中的学习任务单 5.1。

任务 5.2　认 识 挤 压

案例导入

图 5.2-1　甘蔗榨汁机

生活中,我们喝的甘蔗汁是通过甘蔗榨汁机压榨出来的,如图 5.2-1 所示。甘蔗榨汁机压榨是利用挤压原理,即甘蔗穿过榨汁机后,在螺旋转到的推进下受到挤压,其压榨出的汁液通过过滤网流入底部的盛汁器,而渣则通过螺旋与调压头的锥形部分之间的环状空隙排出。

那么,甘蔗进入榨汁机后受到什么样的力、产生什么样的变形才形成甘蔗汁? 要回答上述问题,我们需要先认识挤压过程中结构受力。

 思考回答

1. 生活中你还见过哪些挤压例子。

_____

_____

2. 上述例子中,构件的哪些部位受到了挤压?

_____

_____

3.举例说明,挤压变形过大可能会产生什么影响。

___

___

___

理论知识

挤压破坏是指杆件受到挤压力的作用,从而发生局部被压碎的现象。在力学里,连接件受剪切时,两构件接触面上相互压紧,产生局部的压缩现象,称为挤压。挤压力与挤压面相互垂直,如果挤压力过大,连接件或被连接件在挤压面附近产生明显的塑性变形,使连接件被压扁或使钉孔变为长圆形,造成连接松动,这称为挤压破坏。

如图 5.2-2 所示的铆钉连接中,作用在钢板上的拉力 F,通过钢板与铆钉的接触面传递给铆钉,接触面上就产生了挤压。两构件的接触面为挤压面,作用于接触面的压力为挤压力,挤压面上的压应力称为挤压应力,当挤压力过大时,孔壁边缘将受压起"皱",铆钉局部压"扁",使圆孔变成椭圆形孔,连接松动,这就是挤压破坏。因此,连接件除需计算剪切强度外,还要进行挤压强度计算。

例如,高速公路由于多种原因,常看到一些车辆被挤压的交通事故。如图 5.2-3 所示,面包车被 2 辆大货车挤压,发生严重的变形,导致面包车发生挤压破坏。

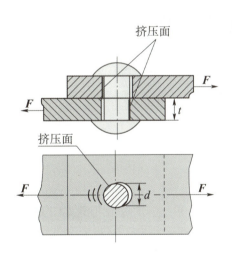

图 5.2-2 挤压变形示意图   图 5.2-3 面包车被挤压变形

 小贴士

挤压和压缩都是物体在受到外力作用下发生形变的过程,但二者发生形变的方式及

方向有所不同。

1. 变形方向不同：挤压是在一个方向上变形，压缩是在多个方向上变形。
2. 受力方式不同：挤压是在一个方向上施加力，而压缩则在多个方向上施加力。
3. 对物体的长宽比例影响不同：挤压在一个方向上缩短物体，但在垂直方向上膨胀，而压缩则在多个方向上让物体缩小。

任务实施

挖掘机使用过程中的螺栓断裂分析

任务分析

第一步 判断构件是否发生挤压变形。

螺栓拧入丝孔后用扭矩扳手将螺栓拧紧至规定力矩，挖掘机使用过程中会有轻微松动，随着挖掘机在工作过程中的左右回转，在松动螺栓的上下接合面处对螺栓产生径向剪切作用，对螺栓造成破坏，因此螺栓受到剪切力，螺栓与钢板接触面相互压紧，发生了挤压变形，如图 5.2-4 所示。

a) 表面

b) 横截面

图 5.2-4　螺栓发生挤压变形

第二步 识别挤压面。

作用在钢板上的拉力 F，通过钢板与螺栓的接触面传递给螺栓，接触面上就产生了挤压，两构件的接触面即为挤压面，如图 5.2-5 所示。

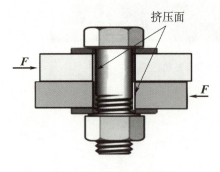

图 5.2-5　挤压面示意图

第三步 分析挤压变形的原因。

挖掘机在使用过程中振动很大，上下车架等重要连接部位的螺栓会松动，当挤压力过大时，螺栓局部会被压"扁"；同时挖掘机在工作回转时受到反方向的作用力，此作用力长期作用在螺栓上,使螺栓发生疲劳形成裂纹,导致螺栓挤压破坏断裂,如图 5.2-6 所示。

a) 断裂螺栓

b) 丝口

图 5.2-6　螺栓破坏断裂

任务训练

见本教材配套学习任务册的学习任务单 5.2(1)、学习任务单 5.2(2) 和学习任务单 5.2(3)。

任务 5.3　剪切和挤压的工程应用

案例导入

中华人民共和国成立初期,中国桥梁建造工艺比较传统,在没有条件大规模使用高强螺栓的年代,铆钉是连接钢梁的主要方式。南京长江大桥(图 5.3-1)钢桁梁采用陈昌言提出的铆钉连接工艺,先将铆钉烧红,对正铆孔,再用风枪挤压铆死。钢桁梁板多达 9 层,板束最厚达 180mm,共需 150 多万颗铆钉。2016 年 10 月,在南京长江大桥升级维修中,人们惊奇地发现,时隔将近半个世纪,150 多万颗铆钉绝大部分完好无损,每 1000 颗铆钉里只有 4 颗需要更换。

泰坦尼克号(图 5.3-2)是一艘奥林匹克级邮轮,是当时最大的客运轮船。泰坦尼克号本应全部使用钢铁铆钉,但船头部分空间狭窄,无法使用铆钉机,因此船头部分的铆钉是手工安装的。为了便于手工安装,船头使用了没有钢铁铆钉结实的锻铁铆钉。撞上冰山时这里受损最严重,最终导致沉船事故发生。

那么,铆钉在以上案例中有何作用?为回答这一问题,接下来我们将探讨剪切和挤压在工程的应用。

图 5.3-1　南京长江大桥施工现场　　　　图 5.3-2　泰坦尼克号沉船

工程案例

桥梁橡胶支座(图 5.3-4)不仅技术性能优良,还具有构造简单、价格低廉、无须养护、易于更换、缓冲隔震、建筑高度小等特点,因而在桥梁界颇受欢迎,被广泛使用。橡胶支座是桥跨结构的支撑部分,其作用是将桥跨结构上的荷载通过支座传递给墩台,如图 5.3-3、图 5.3-4 所示。

图 5.3-3　矩形橡胶支座　　　　　　图 5.3-4　梁式桥构造图

案例分析:

桥梁支座是连接桥梁上下部结构的重要构件,承担着将上部结构荷载传递给墩台,以及减振、隔振,使结构适应因荷载和温度等因素所导致结构变形的功能。支座按材料可分为钢支座、橡胶支座、混凝土支座等。近年来,橡胶支座以结构简单、造价低廉、施工方便、养护工作量少等优点而成为最主要的桥梁支座形式。一般来说桥梁橡胶支座在正常使用的情况下,其变形有两种形式:一是剪切变形,二是竖向挤压变形。剪切变形的发生是由桥梁的水平力(桥梁的伸缩等)引起的。变形后的形状如图 5.3-5 所示,图中角 α 称为剪切角。

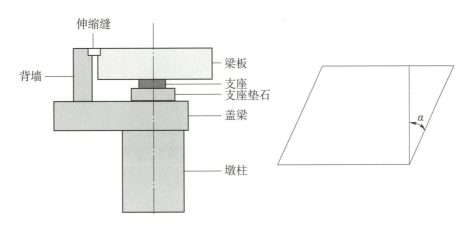

图 5.3-5　桥梁支座简图

模块测评

本模块知识测评和目标评价见教材配套学习任务册。

参 考 文 献

[1] 孔七一.工程力学[M].6 版.北京:人民交通出版社股份有限公司,2023.
[2] 刘泓文.材料力学(1)[M].6 版.北京:高等教育出版社,2017.
[3] 李郴娟.应用力学[M].北京:北京理工大学交通出版社,2020.
[4] 孔七一.工程力学学习指导[M].4 版.北京:人民交通出版社股份有限公司,2023.
[5] 马悦茵.土木工程实用力学[M].北京:人民交通出版社股份有限公司,2022.
[6] 李昆华.交通土木工程力学[M].北京:人民交通出版社股份有限公司,2021.
[7] 孙红旗.理论力学.理论力学[M].北京:人民交通出版社股份有限公司,2021.
[8] 卢光斌.土木工程力学基础[M].北京:机械工业出版社,2021.
[9] 王仁田.土木工程力学基础[M].北京:高等教育出版社,2020.

目 录

模块 1　物体的受力分析 ……………………………………………………………… 1
　学习任务单 1.1(1)　认识力的三要素 ……………………………………………… 1
　学习任务单 1.1(2)　区分力的作用效果 …………………………………………… 3
　学习任务单 1.2　静力学公理应用 …………………………………………………… 5
　学习任务单 1.3　认识约束与约束力 ………………………………………………… 7
　学习任务单 1.4　受力图绘制 ………………………………………………………… 9
　模块 1　知识测评 …………………………………………………………………… 13
　模块 1　目标评价 …………………………………………………………………… 15

模块 2　平面力系的平衡 …………………………………………………………… 17
　学习任务单 2.1　认识力的投影 ……………………………………………………… 17
　学习任务单 2.2　认识平面汇交力系的平衡 ………………………………………… 19
　学习任务单 2.3　认识力矩 …………………………………………………………… 23
　学习任务单 2.4　认识力偶 …………………………………………………………… 27
　学习任务单 2.5　认识平面一般力系平衡 …………………………………………… 29
　模块 2　知识测评 …………………………………………………………………… 33
　模块 2　目标评价 …………………………………………………………………… 36

模块 3　直杆轴向拉伸与压缩 ……………………………………………………… 37
　学习任务单 3.1　认识杆件变形 ……………………………………………………… 37
　学习任务单 3.2　认识直杆轴向内力 ………………………………………………… 39
　学习任务单 3.3　认识直杆轴向应力 ………………………………………………… 41
　学习任务单 3.4　直杆轴向拉压的工程应用 ………………………………………… 43
　模块 3　知识测评 …………………………………………………………………… 45
　模块 3　目标评价 …………………………………………………………………… 47

模块 4　直梁弯曲 …………………………………………………………………… 49
　学习任务单 4.1(1)　认识简支梁桥 ………………………………………………… 49
　学习任务单 4.1(2)　判断梁类型和作用 …………………………………………… 51
　学习任务单 4.2　梁的内力图绘制 …………………………………………………… 53

学习任务单4.3　认识梁的正应力及其强度条件 ·· 55
模块4　知识测评 ·· 57
模块4　目标评价 ·· 60

模块5　连接件的剪切与挤压 ·· 61

学习任务单5.1　认识剪切 ·· 61
学习任务单5.2(1)　挤压与剪切判断 ·· 63
学习任务单5.2(2)　认识挤压变形1 ··· 65
学习任务单5.2(3)　认识挤压变形2 ··· 67
模块5　知识测评 ·· 69
模块5　目标评价 ·· 70

模块 1　物体的受力分析

学习任务单 1.1(1)　认识力的三要素

根据力的三要素的概念及特点,完成以下学习任务。

认识力的三要素

每题 12.5 分,共 100 分。　　　　　　　　　　　　　　　　　　　　　　得分:_____

1. 如图 1 所示,在生活中用扳手拧螺栓,拧不动时应将手往扳手的末端方向移动,然后再拧就很容易拧动了,这是通过改变力的三要素中_____来影响力的作用效果的。

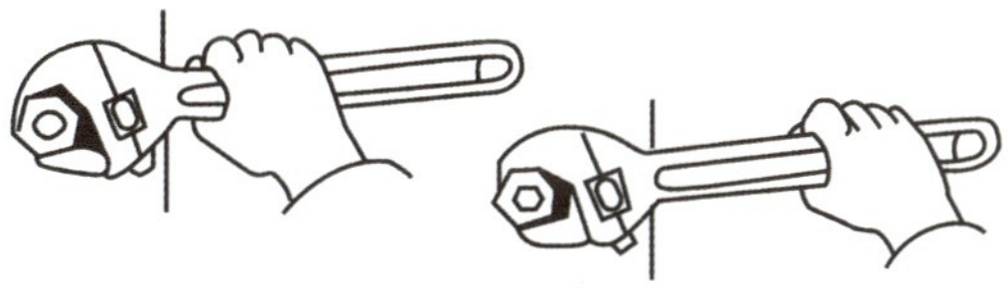

图 1　用扳手拧螺栓

2. 如图 2 所示,在排球运动中,二传手用力向上托球[图 2a)],球就向上运动,主攻手用力向下扣球[图 2b)],球就急速下落,这说明力的_____能够影响它的作用效果。

图 2　排球运动

3. 在足球比赛中,足球运动员根据不同的情况会踢出弧线球和直线球,球的飞行方向和飞行路径不同,这主要取决于运动员踢球时所用的力的_____和_____。

4. 用力推课桌的下部,课桌会沿着地面滑动,而推课桌的上部,则课桌可能会翻倒,这说明力的作用效果与(　　)有关。

　　A. 力的大小　　　B. 力的方向　　　C. 力的作用点　　　D. 受力面积

5. 人坐在沙发上,沙发会往下凹陷,这是力作用在沙发上产生的效果,但大人与小孩坐在同样的沙发上时,沙发凹陷的程度不同,这说明力的作用效果与力的_____有关。

6. 图3所示为一种常用的核桃夹,用大小相同的力垂直作用在 B 点比 A 点更容易夹碎核桃,这说明力的作用效果与(　　)有关。

　　A. 力的大小　　　B. 力的方向　　　C. 力的作用点　　　D. 受力面积

图3　核桃夹

7. 如图4所示,分别用大小相等的力拉和压同一根弹簧。该实验表明,弹簧受力产生的效果与力的(　　)有关。

　　A. 大小　　　B. 作用点　　　C. 方向　　　D. 大小、方向、作用点

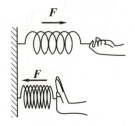

图4　拉、压弹簧

8. 你注意到洒水壶有两个把手吗？如图5所示,当提水时,应该用_____把手(选填"A"或"B");当洒水时,应该用_____把手(选填"A"或"B")。这说明力的作用效果与力的_____有关。

图5　洒水壶

学习任务单1.1(2) 区分力的作用效果

根据力的两种作用效果的特点,完成以下学习任务。

区分力的作用效果

每题12.5分,共100分。　　　　　　　　　　　　　　　　　　　　　　　得分:_____

1. 以下是我们生活中常见的几种现象:①用力揉面团,面团形状发生变化;②篮球撞击在篮板上被弹回;③用力握小皮球,皮球瘪了;④一阵风把地面上的灰尘吹得漫天飞扬。在这些现象中,物体由于受力而改变运动状态的是(　　)。

    A. ①②　　　　　　　　　　　　　　　　B. ②④
    C. ③④　　　　　　　　　　　　　　　　D. ②③

2. 如图1所示,四个力中(　　)与其他三个力所产生的作用效果不同。

　　　　A　　　　　　　　B　　　　　　　　C　　　　　　　　D

图　1

3. 下列足球比赛的场景,不能说明力可以改变物体的运动状态的是(　　)。

    A. 足球在草地上越滚越慢
    B. 守门员一脚踢出放在地面上的足球
    C. 踢出去的足球在空中继续向前飞行
    D. 运动员用头将迎面飞来的足球顶回去

4. 观察图2中四个情景,找出它们的共同特征,可以归纳得出的结论是(　　)。

　手用力捏气球　　熊猫拉竹子　　猴子走在钢丝　　手压弹簧
　气球瘪了　　　　竹子弯了　　　钢丝弯曲了　　　弹簧变短了

图　2

    A. 力可以改变物体的形状
    B. 力可以改变物体运动的方向
    C. 力可以改变物体运动速度的大小
    D. 力的作用效果与力的作用点有关

5. 卢纶的《塞下曲·其二》中写道："林暗草惊风，将军夜引弓。平明寻白羽，没在石棱中。"说的是西汉名将李广晚上打猎归来，**见林深处风吹草动，以为是虎，便弯弓猛射**。第二天才发现，箭已经射入石头中了。同学们想一想，这首诗说明力的作用效果有：①_____；②_____。

6. 轻轻按压桌面，桌子受力后小明没有看到桌子的形状发生变化，因此小明认为桌子没有发生变形，请回答：

(1) 你认为小明的说法正确吗？

(2) 给你一支激光笔，请你想办法用实验来证明你的观点，写出你的验证过程。

7. 关于物体运动状态改变，说法正确的是（　　）。

　　A. 必须是从静止变为运动

　　B. 只要做曲线运动，运动状态就在不停地改变

　　C. 运动状态改变，必须速度大小和运动方向都发生改变

　　D. 运动物体的速度大小不变，其运动状态就没有改变

8. 下列现象中，物体的运动状态没有发生改变的是（　　）。

　　A. 熟透的苹果从树上竖直落下

　　B. 小孩从直滑梯上匀速滑下

　　C. 从枪膛射出来的子弹在空中飞行

　　D. 地球同步卫星绕地球匀速转动

学习任务单1.2 静力学公理应用

根据静力学公理的概念及特点,完成以下学习任务。

静力学公理应用

每题10分,共100分。 得分：_____

1. 学校的趣味运动会上,体重为600N的小明沿竖直木杆匀速向上攀爬,此过程中他受到的摩擦力的大小为_____,方向_____。

2. 甲、乙两队举行拔河比赛,甲队获胜,如果甲队对绳的拉力为$F_甲$,地面对甲队的摩擦力为$f_甲$;乙队对绳的拉力为$F_乙$,地面对乙队的摩擦力为$f_乙$,绳的质量不计,则有$F_甲$_____$F_乙$,$f_甲$_____$f_乙$(选填">""="或"<")。

3. 两人分别用10N的力拉弹簧秤的两端,则弹簧秤的读数是(　　)。

   A. 5N

   B. 10N

   C. 20N

   D. 25N

4. 图1a),为某校庆祝建党100周年"红歌快闪"活动时采用中国大疆无人机航拍的照片,图1b)为正在高空进行拍摄的无人机。若图1b)中无人机在空中处于悬停状态进行拍摄,在无风无雨的理想情况下,下列说法正确的是(　　)。

图1　无人机高空航拍

   A. 无人机所受重力和空气对无人机向上的升力为一对作用力与反作用力

   B. 无人机对空气向下的推力和空气对无人机向上的升力为一对平衡力

   C. 无人机所受重力和无人机对空气向下推力为一对平衡力

   D. 无人机在重力和空气对其向上的升力共同作用下处于平衡状态

5. 若刚体受三个力作用而平衡,且其中有两个力相交,则这三个力(　　)。

   A. 必定在同一平面内

   B. 必定有二力平行

   C. 必定相互垂直

   D. 无法确定

6. 如图2所示,一吊灯吊在天花板上,下列属于平衡力的是( )。

   A. 灯受到的重力与灯对线的拉力

   B. 灯受到的重力与灯线对天花板的拉力

   C. 灯线对灯的拉力与灯受到的重力

   D. 灯线对天花板的拉力与灯线对灯的拉力

图2　吊灯

7. 如图3所示为运动员在吊环比赛中的某个时刻,运动员静止不动,两根吊带对称并与竖直方向有一定的夹角,此时左、右两吊环对运动员的作用力大小分别为 F_1、F_2,则下列判断正确的是( )。

   A. F_1、F_2 是一对作用力与反作用力

   B. 两个吊环对运动员的作用力的合力不一定竖直向上

   C. 每根吊带受到吊环的拉力的大小都等于运动员重力的一半

   D. 在运动员将两吊带由图示状态缓慢向两边撑开的过程中,吊带上的张力缓慢增大

图3　运动员在参加吊环比赛

8. 2008年9月25日,我国载人飞船"神舟七号"胜利发射,并初次实现了中国航天员出舱活动,成为中国载人航天历史上一个新的里程碑,下面关于飞船与火箭上天情形的表达正确的选项是( )。

   A. 火箭尾部向外喷气,喷出的气体反过来对火箭产生一个反作用力,从而让火箭获得向上的推力

   B. 火箭尾部喷出的气体对空气产生一个作用力,空气的反作用力使火箭获得飞行的动力

   C. 火箭飞出大气层后,由于没有了空气,火箭虽然向后喷气,但也无法获得前进的动力

   D. 飞船进入运转轨道后,与地球之间依然存在一对作用力与反作用力

9. 一辆载重汽车在水平路面上匀速行驶,下列选项中的两个力属于一对平衡力的是( )。

   A. 载重汽车所受的重力和地面对载重汽车的支持力

   B. 载重汽车所受的重力和载重汽车对地面的压力

   C. 载重汽车对地面的压力和路面对载重汽车的支持力

   D. 地面对载重汽车的摩擦力和载重汽车对地面的摩擦力

10. 各物体的受力情况如图4所示,F_1、F_2 属于二力平衡的是( )。

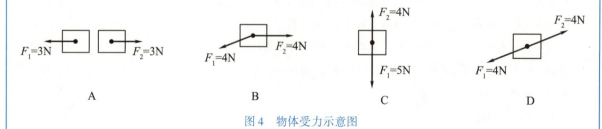

图4　物体受力示意图

学习任务单 1.3　认识约束与约束力

根据约束与约束力的概念及特点,完成以下学习任务。

认识约束与约束力

每题10分,共100分。　　　　　　　　　　　　　　　　　　　　　　　　　　得分:_____

1. 可动铰支座对物体的约束力通过销钉_____并垂直于_____,指向不定。
2. 固定端支座的约束力除了水平和竖向的约束力外,还有一个起限制转动作用的_____。
3. 柔性约束对物体的约束力通过接触点,沿柔性体中心线,方向_____。
4. (　　)的特点是限制物体既不能移动,也不能转动。
   A. 固定铰支座约束　　B. 可动铰支座约束　　C. 光滑接触面约束　　D. 固定端支座约束
5. 一般情况下,柔性约束的约束反力可用(　　)表示。
   A. 一个沿柔性体中心线方向的力　　　　B. 一对相互平行的力
   C. 一个垂直柔性约束中心线方向的力　　D. 一对相互垂直的力
6. 在构件和固定支座的连接处钻上圆孔,再用圆柱形销钉串联起来,使构件只能绕销钉的轴线转动,这种约束称为(　　)。
   A. 固定铰支座约束　　B. 可动铰支座约束　　C. 中间铰支座约束　　D. 固定端支座约束
7. 一般来说,物体受到的力可分为两类,即(　　)。
   A. 主动力和被动力　　B. 重力和惯性力　　C. 主动力和约束反力　　D. 约束力和约束反力
8. 一般情况下,约束反力属于(　　)。
   A. 主动力　　　　　　B. 惯性力　　　　　C. 反作用力　　　　　D. 反惯性力
9. 如图1所示,钢筋混凝土柱插入基础部分足够深,而且四周又用混凝土与基础浇筑在一起,请问基础对柱子起着怎样的约束作用?

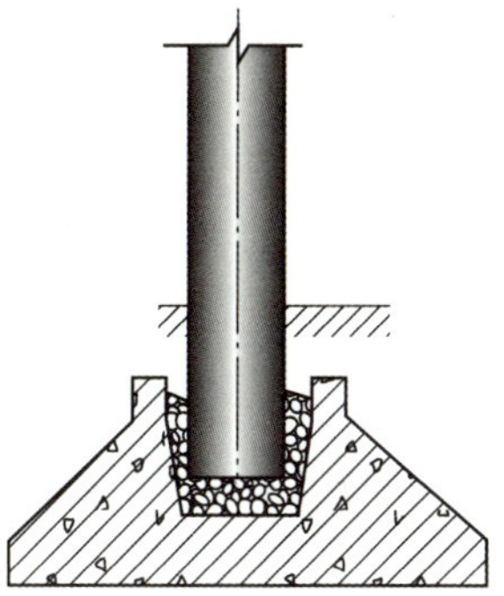

图1　钢筋混凝土柱

10. 房屋建筑中的雨篷呈悬挑形式，它的一端牢固地嵌入墙里，与墙固定在一起，如图2所示。墙对雨篷起着怎样的约束作用？

图2　雨篷

学习任务单 1.4　受力图绘制

根据受力图绘制的方法步骤,完成以下学习任务。

受力图绘制

每题 20 分,共 100 分。　　　　　　　　　　　　　　　　　　　　　　　　　　得分:_____

1. 如图 1 所示,托架悬挂的物体受到的重力为 Q,画出杆 AB 的受力图。

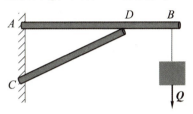

图 1　重物悬挂示意图

第一步:确定研究对象。

第二步:画主动力。

第三步:画约束力。

第四步:检查(力的名称与方向)。

2. 梁 AB 的自重不计,其支承及受力情况如图 2 所示,试画出梁的受力图。

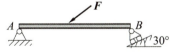

图 2　梁支承及受力情况

第一步:确定研究对象。

第二步:画主动力。

续上表

第三步:画约束力。

第四步:检查(力的名称与方向)。

3. 图 3 中的梯子 AB 受到的重力为 W,在 C 处用绳索 CD 拉住,A、B 处分别放在光滑的墙及地面上。试画出梯子的受力图。

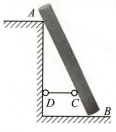

图 3　梯子受力简图

第一步:确定研究对象。

第二步:画主动力。

第三步:画约束力。

第四步:检查(力的名称与方向)。

4. 如图 4 所示,3 根钢筋混凝土管靠墙角堆放,每根管所受重力为 W。地面水平,墙竖直,E 处有一木块防止Ⅱ管滚动。管与墙、地面、木块光滑接触。试画出各管的受力图。

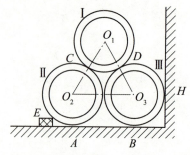

图 4　钢筋混凝土管堆放断面图

第一步:确定研究对象。

第二步:画钢管Ⅰ的受力图。

第三步:画钢管Ⅱ的受力图。

第四步:画钢管Ⅲ的受力图。

第五步:检查(力的名称与方向)。

5. 为了确保铝合金梯子[图5a)]安全使用,必须在梯子之间加上一根结实的绳子,这是为什么？梯子的计算简图如图5b)所示,请对梯子的左右两部分[图5c)]进行受力分析,并注意在今后使用该类梯子前应先检查绳子是否牢固。(提示:假设地面为光滑接触面,可用圆规、橡皮筋分别代替梯子、绳子先做一做,再画一画)

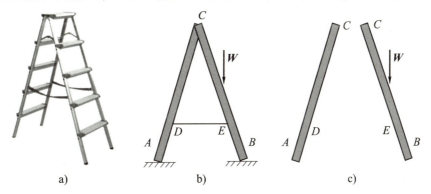

图5 铝合金梯子及其受力图

模块 1　知 识 测 评

一、填空题（每空 2 分，共 20 分）

1. 我们把力的_____、_____、_____叫作力的三要素，它们都会影响_____。
2. 端午节时，某市举行龙舟比赛，全体划桨手在鼓声的号令下，有节奏地向_____（选填"前"或"后"）划水，使龙舟快速前进，这说明_____。龙舟到达终点后，想使龙舟更快停下来，划桨手应该向_____（选填"前"或"后"）划水，这说明力可以改变物体的_____。
3. 作用力和反作用力是两个物体间的相互作用力，它们一定_____，_____，分别作用在两个物体上。

二、判断题（每题 2 分，共 10 分）

1. 刚体是指在外力的作用下大小和形状都不变的物体。（　　）
2. 悬挂的小球静止不动是因为小球对绳向下的拉力和绳对小球向上的拉力相互抵消。（　　）
3. 约束力的方向必与该约束所阻碍的物体运动方向相反。（　　）
4. 力的三要素中只要有一个要素不改变，则力对物体的作用效果就不变。（　　）
5. 凡受到两个外力作用的杆件均为二力杆。（　　）

三、选择题（每题 3 分，共 24 分）

1. 力的作用是相互的，下列现象中利用了这一原理的是（　　）。
   A. 铅球落地后将地面砸了个坑　　　　B. 球员射门时，要用力向球门方向踢球
   C. 人向前跑步时，要用力向后蹬地　　D. 推车时要向前用力才可以推动
2. 几位同学在一起讨论如何认识力和表示力的问题，其中看法错误的是（　　）。
   A. 力是物体间的相互作用，力有大小、方向、作用点
   B. 可以用一个图形直观地表示出力的三要素
   C. 力是看不见、摸不着的，但可以通过分析它产生的效果来认识它
   D. 力是看不见、摸不着的，是不能够认识的
3. 我们常用"鸡蛋碰石头"来形容对立双方的实力悬殊，鸡蛋（弱者）很容易被碰得"头破血流"，而石头（强者）却完好无损。对此现象的正确解释是（　　）。
   A. 鸡蛋受到力的作用，而石头没有受到力的作用
   B. 鸡蛋受到较大的力的作用，而石头受到较小的力的作用
   C. 它们相互作用的力大小一样，只是石头比鸡蛋硬
   D. 以上说法都不对
4. 关于主动力和约束反力，下列说法正确的是（　　）。
   A. 一般情况下，约束反力是由主动力的作用引起的，它随主动力的改变而改变
   B. 一般情况下，主动力是由约束反力的作用所引起的，它随约束反力的改变而改变
   C. 一般情况下，约束反力与主动力是互不相关的，两者可任意改变
   D. 一般情况下，约束反力与约束力共同制约着主动力，两者的和等于主动力

续上表

5. 固定端支座约束在平面内完全限制了物体可能存在的三种运动,即( )。
   A. 两个垂直方向的转动和平移运动   B. 两个平行方向的转动和平移运动
   C. 两个垂直方向的平移运动和转动   D. 三个方向的平移运动和转动
6. 依据力的可传性原理,下列说法正确的是( )。
   A. 力可以沿作用线移动到物体内任意一点   B. 力可以沿作用线移动到任何一点
   C. 力不可以沿作用线移动   D. 力可以沿作用线移动到刚体内的任意一点
7. 加减平衡力系公理适用于( )。
   A. 变形体   B. 刚体   C. 刚体系统   D. 任何物体或物体系统
8. 固定端支座约束通常有( )个约束反力。
   A. 1   B. 2   C. 3   D. 4

四、应用题(第一题20分,第二题26分,共46分)

1. 已知某框架结构的梁如图1所示,梁 AC 和 CD 用铰链 C 连接,并支承在三个支座上,A 处为固定铰支座,B、D 处为可动铰支座,受已知力 F 的作用,试画出梁 AC、CD 及整梁 AD 的受力图。

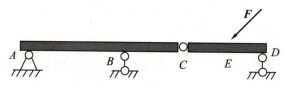

图1　框架梁受力图

2. 如图2所示为某教学楼楼盖结构的布置图,大梁搁置在纵墙上[图2b)]。用梁的轴线代替梁,墙对梁的支撑分别用固定铰支座、可动铰支座表示。按相关设计规范要求,计算大梁的恒载、活载,计算简图如图2c)所示,试依据计算简图画梁的受力图。

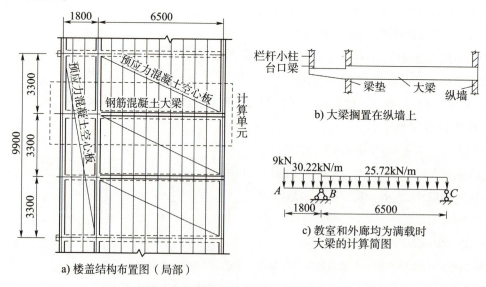

图2　楼盖大梁的受力图(尺寸单位:mm)

模块 1　目标评价

评分标准	配分	得分
素质目标		
1.具备观察生活中的力学现象和对生活中的物体进行受力分析的能力,养成力学思维习惯	10	
2.具有团结协作精神,如:小组分工协作完成课堂小试验,共同探讨力学问题	10	
3.养成良好的学习习惯,如:课前自主预习,课后拓展延伸学习等	10	
知识目标		
1.了解力的概念、力的两种作用效果、力的三要素	10	
2.了解力的平衡的概念,了解平行四边形法则、加减平衡力系公理	10	
3.了解约束与约束反力的概念	10	
4.了解分离体、受力图的概念	10	
能力目标		
1.会对基本构件进行受力分析	10	
2.能对工程中常用基本构件的约束进行简化,能分析常见约束的约束性质及约束反力方向	10	
3.能画单个物体的受力图	10	
总分	100	

注:好(85~100分);较好(75~84分);一般(60~74分);差(60分以下)。

模块 2　平面力系的平衡

学习任务单 2.1　认识力的投影

根据力的投影的概念,完成以下学习任务。

认识力的投影

第 1~3 题每题 10 分,第 4、5 题每题 20 分,第 6 题 30 分,共 100 分。　　　　　　　　　　得分:_____

1. 关于力在坐标轴上的投影,下列说法错误的是(　　)。
   A. 力的投影与坐标轴选取必有关
   B. 力沿其作用线移动后,在坐标轴上的投影恒不变
   C. 两个力在同一坐标轴上投影相等,则这两个力大小必相等
   D. 两个力在相互垂直的两个坐标轴上的投影分别相等,则这两个力大小必相等

2. 如果两个力 F_1、F_2 在同一坐标轴上投影相等,则这两个力(　　)。
   A. 一定相等　　　　　　B. 一定不相等　　　　　　C. 不一定相等　　　　　　D. 相交且相等

3. 小刚走路时发现自己的影子越来越长,这是因为(　　)。
   A. 从路灯下走开,离路灯越来越远　　　　　　B. 走到路灯下,离路灯越来越近
   C. 人与路灯的距离与影子长短无关　　　　　　D. 路灯的灯光越来越亮

4. 如图 1 所示,求力 F 在坐标轴上的投影。

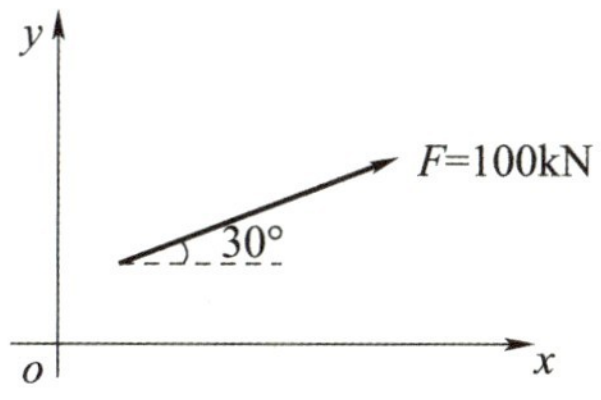

图 1　力 F 在坐标轴上的投影

第一步:确定力 F 与 x 轴的夹角 α。

第二步:判断投影的正负号。

第三步:按力的投影公式计算。

$F_x =$

$F_y =$

5. 如图 2 所示,求力 **F** 在坐标轴上的投影。

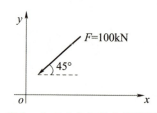

图 2　力 **F** 在坐标轴上的投影

第一步:确定力 **F** 与 x 轴的夹角 α。

第二步:判断投影的正负号。

第三步:按力的投影公式计算。

$F_x =$

$F_y =$

6. 如图 3 所示,同一平面三根钢丝绳连接在一固定环上,已知三根钢丝绳的拉力分别为:$F_1 = 500\text{N}$,$F_2 = 1000\text{N}$,$F_3 = 2000\text{N}$,试求 F_1、F_2、F_3 在 x,y 轴上的投影。

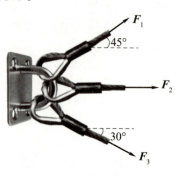

图 3　三根钢丝绳受力图

第一步:确定力 F_1、F_2、F_3 与 x 轴的夹角 α。

第二步:判断投影的正负号。

第三步:按力的投影公式计算。

$F_{x1} =$

$F_{y1} =$

$F_{x2} =$

$F_{y2} =$

$F_{x3} =$

$F_{y3} =$

学习任务单2.2　认识平面汇交力系的平衡

应用平面汇交力系的平衡方程,完成以下学习任务。

认识平面汇交力系的平衡

每题20分,共100分。　　　　　　　　　　　　　　　　　　　　　　　　得分:_____

1. 图1为起重机起吊钢筋混凝土梁的情形,构件所受重力为10kN,钢丝绳与水平面夹角 α 为45°。求钢筋混凝土梁匀速上升时,钢丝绳的拉力。

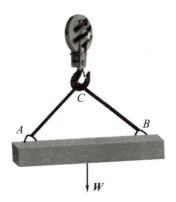

图1　钢筋混凝土梁起吊示意图

第一步:选取研究对象。

第二步:选取坐标系。

第三步:列平衡方程,求解未知力。

第四步:依据计算结果,分析钢丝绳的受力情况。

2. 当钢丝绳与水平面夹角 α 为15°、30°、60°时,拉力 F_{NCB} 和 F_{NCA} 有何变化?为什么在构件吊装过程中吊索AC、BC不能过短?

第一步:当钢丝绳与水平面夹角 α 为15°时,列平衡方程计算拉力 F_{NCB} 和 F_{NCA}。

续上表

第二步:当钢丝绳与水平面夹角 α 为 30°时,列平衡方程计算拉力 F_{NCB} 和 F_{NCA}。

第三步:当钢丝绳与水平面夹角 α 为 60°时,列平衡方程计算拉力 F_{NCB} 和 F_{NCA}。

第四步:比较拉力 F_{NCB} 和 F_{NCA} 的变化情况,并解释在构件吊装过程中吊索 AC、BC 不能过短的原因。

3. 在图 2 中,物体所受重力为 30kN,钢丝绳的 AB 段、AC 段与竖直线的夹角 α = 30°,求钢丝绳所受的拉力。

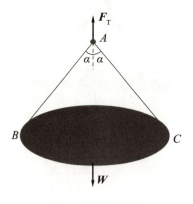

图 2　物体受力图

第一步:选取研究对象。

第二步:选取坐标系。

第三步:列平衡方程,求解未知力。

第四步:依据计算结果,分析钢丝绳的受力情况。

4. 如图 3 所示,支架由杆 AB、AC 构成,A、B、C 三处均为铰接,在点 A 悬挂重为 W = 10kN 的物体,试求在图 3a)、图 3b) 两种情况下,杆 AB、AC 所受的力,并说明它们是拉力还是压力。

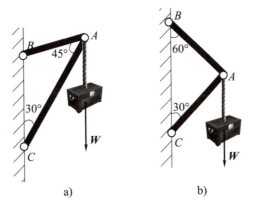

图 3　物体受力示意图

(1)分析在图 3a)受力情况下,杆 AB、AC 所受的力。

第一步:选取研究对象。

第二步:选取坐标系。

第三步:列平衡方程,求解未知力。

第四步:依据计算结果,分析杆 AB、AC 的受力情况。

(2)分析在图 3b)受力情况下,杆 AB、AC 所受的力。

第一步:选取研究对象。

第二步:选取坐标系。

第三步:列平衡方程,求解未知力。

第四步:依据计算结果,分析杆 AB、AC 的受力情况。

5.取一根细绳把砝码悬挂起来,并系在一支笔杆端部,再用手按图 4 所示支起砝码与笔杆,笔尖支在手掌上[图 4a)],感受一下中指和手掌的受力情况。改变三角支架的形状如图[图 4b)]所示,中指和手掌受力有何变化?试分析发生变化的原因。

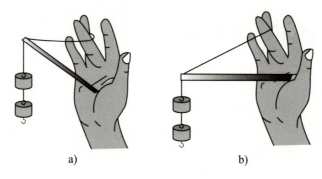

图 4　砝码悬挂示意图

学习任务单 2.3 认识力矩

应用力矩的概念及特点,完成以下学习任务。

认识力矩

第 1、2 题每题 10 分,第 3 题 40 分,第 4、5 题每题 10 分,第 6 题 20 分,共 100 分。　　　　得分:_____

1. 用手拔钉子拔不出来,为什么用羊角锤能轻易拔出来?

2. 手握钢丝钳,为什么不用很大的握力即可将钢丝剪短?

3. 计算图 1 中力 F 对点 O 的矩。

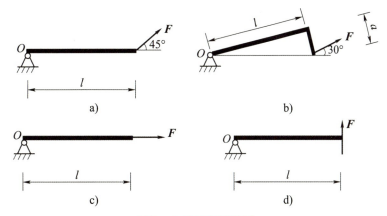

图 1　力对杆件的作用

图 1a):

第一步:求作力臂。

第二步:判断力矩的转向,确定正负号。

续上表

第三步:按力矩定义计算。

图1b):
第一步:求作力臂。

第二步:判断力矩的转向,确定正负号。

第三步:按力矩定义计算。

图1c):
第一步:求作力臂。

第二步:判断力矩的转向,确定正负号。

第三步:按力矩定义计算。

图1d):
第一步:求作力臂。

续上表

续上表

第二步:判断力矩的转向,确定正负号。

第三步:按力矩定义计算。

4. 某悬臂梁受力情况如图 2 所示,试计算梁上均布荷载 q 对点 O 的力矩。

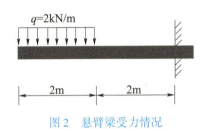

图 2　悬臂梁受力情况

第一步:计算均布荷载的合力并确定合力的作用位置。

第二步:求作力臂。

第三步:判断力矩的转向,确定正负号。

第四步:按力矩定义计算。

5. 如图 3a)所示挡土墙,假设每 1m 长的挡土墙所受土压力的合力为 $F_R = 150kN$,作用点和方向如图 3b)所示,求土压力使墙倾覆的力矩。

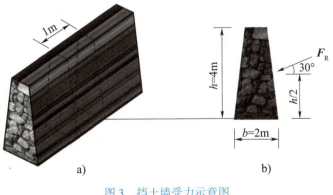

图 3　挡土墙受力示意图

第一步:求作力臂。

第二步:判断力矩的转向,确定正负号。

第三步:按力矩定义计算。

6. 用两根相同链条,分别展开置于用木块垫上的纸片上[图4a)]和堆放置于用木块垫上的纸片上[图4b)],观察两个纸片产生的变形是否相同? 为什么?

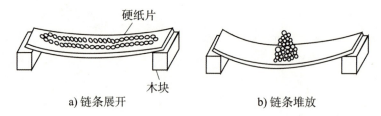

a) 链条展开　　　　　　b) 链条堆放

图4　链条放置在纸片上

学习任务单 2.4 认识力偶

应用力偶的定义和性质,以及平面力偶系的平衡条件,完成以下学习任务。

认识力偶

第 1~4 题每题 10 分,第 5~7 题每题 20 分,共 100 分。   得分:_____

1. 有关力偶的性质叙述不正确的是(   )。
   A. 力偶对任意点取力矩都等于力偶矩,不因矩心的改变而改变
   B. 力偶有合力,力偶可以用一个合力来平衡
   C. 只要保持力偶矩不变,力偶可在其作用面内任意转移,对刚体的作用效果不变
   D. 只要保持力偶矩不变,可以同时改变力偶中力的大小与力偶臂的长短

2. 力偶使物体产生的转动效应,取决于(   )。
   A. 二力的大小   B. 力偶矩的大小
   C. 力偶的转向   D. 力的方向

3. 力使物体绕某点转动的效果要用(   )来度量。
   A. 力矩   B. 力
   C. 力偶   D. 弯曲

4. 保持力偶矩的转向不变,力偶在作用平面内任意转移,则刚体的转动效应(   )。
   A. 变大   B. 变小
   C. 不变   D. 不能确定

5. 如图 1 所示,驾驶员在操纵方向盘时,把手放在 1-1 位置和把手放在 2-2 位置,方向盘的转动效果是否一样?(力的大小不变)

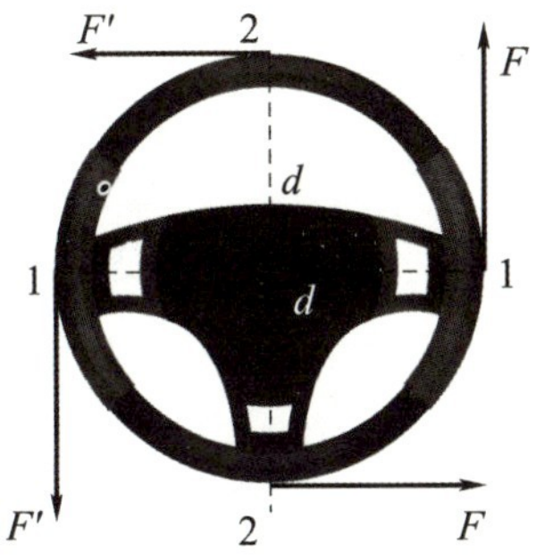

图 1 力偶在方向盘上的作用效果

6. 图 2 所示为厂房排架柱,牛腿上作用有吊车梁传来的荷载 $F=500\text{kN}$,力的作用线偏离 AB 柱段轴线 0.3m。求使柱段 AB 压缩的力和使柱段弯曲的力偶。

图 2　厂房排架柱受荷示意图

第一步:画受力图。

第二步:列平衡方程,求柱段 AB 压缩的力和使柱段弯曲的力偶。

7. 图 3 中刚体受同平面内二力偶 (F_1,F_3) 和 (F_2,F_4) 的作用,4 个力呈多边形封闭,如图 3b)所示,请问该物体是否处于平衡?为什么?

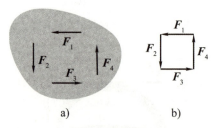

图 3　力偶作用在刚体上

学习任务单 2.5　认识平面一般力系平衡

应用平面一般力系平衡条件及方程,完成以下学习任务。

认识平面一般力系平衡

每题 25 分,共 100 分。　　　　　　　　　　　　　　　　　　　　　　　得分:_____

1. 悬臂梁受荷情况如图 1 所示,已知 $F_p = 10\text{kN}$,$l = 5\text{m}$,求支座反力。

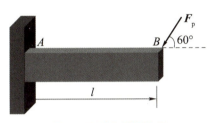

图 1　悬臂梁受荷情况

第一步:选取研究对象。

第二步:画受力图。

第三步:列平衡方程,求支座反力。

2. 简支梁的受力情况如图 2 所示,求简支梁的支座反力。

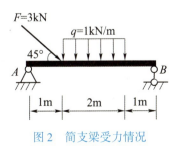

图 2　简支梁受力情况

第一步:选取研究对象。

第二步:画受力图。

第三步:列平衡方程,求支座反力。

3. 如图3所示阳台的左端嵌固在砖墙内,阳台自重可近似地视为均布荷载 $q=20\text{kN/m}$。在阳台的外挑端,有一从栏板传来的集中荷载 $F=12\text{kN}$,栏板的轴线到墙的距离 $l=1.5\text{m}$。试求阳台固定端的约束力。

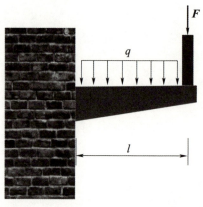

图3 阳台受荷情况

第一步:选取研究对象。

第二步:画受力图。

第三步:列平衡方程,求支座反力。

4.求图4钢架的支座反力。

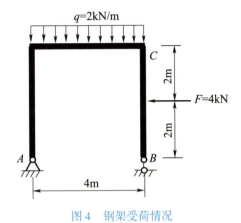

图4 钢架受荷情况

第一步:选取研究对象。

第二步:画受力图。

第三步:列平衡方程,求支座反力。

模块 2 知 识 测 评

一、填空题(每空 2 分,共 20 分)

1. 当力与坐标轴垂直时,力在该轴上的投影为_____;当力与坐标轴平行时,其投影的绝对值与该力的大小_____。
2. 平面汇交力系平衡的必要和充分条件是:_____。
3. 作用在物体上的一群力称为_____,对同一物体的作用效应相同的两个力系称为_____。
4. 力矩是_____和_____的乘积。力沿作用线移动,力矩_____。
5. 力偶对刚体只产生_____效应,用_____度量。

二、判断题(每题 2 分,共 10 分)

1. 一平面汇交力系作用于刚体,所有力在力系平面内某一坐标轴上投影的代数和为零,该刚体不一定平衡。（ ）
2. 如图 1 所示,由平面汇交力系作出的四边形,这四个力构成封闭的多边形,该力系一定平衡。（ ）

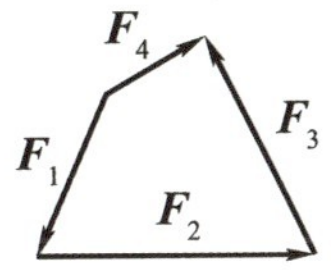

图 1 力四边形

3. 力偶不能合称为一个力,也不能用一个力来等效代替。（ ）
4. 同一个力在两个相互平行的轴上的投影相等。（ ）
5. 对一个静止的物体施力,如果外力为零,则此物体不会运动。（ ）

三、选择题(每题 3 分,共 24 分)

1. 平面汇交力系的平衡方程中式子的数目为(   )。
   A. 5　　　　　　B. 4　　　　　　C. 3　　　　　　D. 2
2. 改变矩心的位置,将会改变(   )。
   A. 力的大小　　B. 力矩的大小　　C. 力矩的转向　　D. 力的方向
3. (   )是力矩中心点至力的作用线的垂直距离。
   A. 力矩　　　　B. 力臂　　　　　C. 力　　　　　　D. 力偶
4. 当力的作用线通过矩心时,力矩(   )。
   A. 最大　　　　B. 最小　　　　　C. 为零　　　　　D. 不能确定
5. 可以把力偶看作一个转动矢量,它仅对刚体产生(   )效应。
   A. 转动　　　　B. 平动　　　　　C. 扭转　　　　　D. 弯曲
6. 作用在物体某一点的力可以平移到另一点,但必须同时附加一个(   ),才能与原来的作用等效。
   A. 力　　　　　B. 力臂　　　　　C. 剪力　　　　　D. 力偶
7. 同一个力在两个互相平行的同向坐标轴上的投影(   )。
   A. 大小相等,符号不同　　　　　B. 大小不等,符号不同
   C. 大小相等,符号相同　　　　　D. 大小不等,符号相同

8. 下列说法不正确的是( )。

　　A. 力偶在任何坐标轴上的投影都是零

　　B. 力可以平移到刚体内的任一点

　　C. 力使物体绕某一点转动的效应取决于力的大小和该点到力作用线的垂直距离的乘积

　　D. 力系的合力在某一轴上的投影等于各分力在同一轴上投影的代数和

四、应用题(第一题20分,第二题26分,共46分)

1.有一位同学提了自重为1kN的重物静止不动,他看上去很吃力,请你上前帮忙,并且你和这位同学用力的方向与水平面的夹角均为45°(图2)。请计算你和同学分别用了多大的力? 当力与水平面的夹角发生变化时,你们用力的大小是否也发生变化? 动动手感受一下。

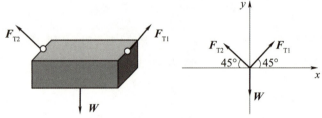

图2　手提重物受力示意图

第一步:选取研究对象。

第二步:选取坐标系。

第三步:列平衡方程求解未知力。

2.某民用建筑,主梁两端支撑在钢筋混凝土柱上,如图3所示,可简化为两端分别用固定铰支座和可动铰支座支撑的梁,如图3b)所示。主梁自重及部分楼板传来的均布荷载合计为$q=25\text{kN/m}$,由部分楼面荷载通过次梁传来的集中荷载$F=100\text{kN}$,试求柱两端给梁的支座反力。

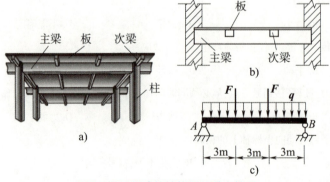

图3　某民用建筑结构图及受力情况

续上表

第一步:选取研究对象。

第二步:画受力图。

第三步:列平衡方程,求支座反力。

第四步:校核。

模块 2　目 标 评 价

评分标准	配分	得分
素质目标		
1.具备良好的职业道德,养成严谨、细致的工作态度,如:能分析土木工程简单结构、基本构件的受力情况	10	
2.养成良好的学习习惯,如:课前自主预习,课后拓展延伸学习等	10	
知识目标		
1.了解力系的概念及力系的分类	10	
2.了解力矩的概念,理解力矩的性质	10	
3.了解力偶的概念,理解力偶的性质,了解平面力偶系的平衡条件	10	
4.了解平面一般力系的平衡条件,理解平面一般力系平衡方程	10	
能力目标		
1.能计算力在直角坐标轴上的投影	10	
2.能运用平面汇交力系平衡方程计算简单的平衡问题	10	
3.能计算集中荷载、均布荷载的力矩	10	
4.能运用平衡方程计算单个构件的平衡问题	10	
总分	100	

注:好(85~100分);较好(75~84分);一般(60~74分);差(60分以下)。

模块 3　直杆轴向拉伸与压缩

学习任务单 3.1　认识杆件变形

完成构件的基本变形认知,简单说明理由,并完成以下学习任务。

常见杆件基本变形认知与判别

第 1~6 题每题 15 分,第 7 题 10 分,共 100 分。　　　　　　　　　　　　　得分:_____

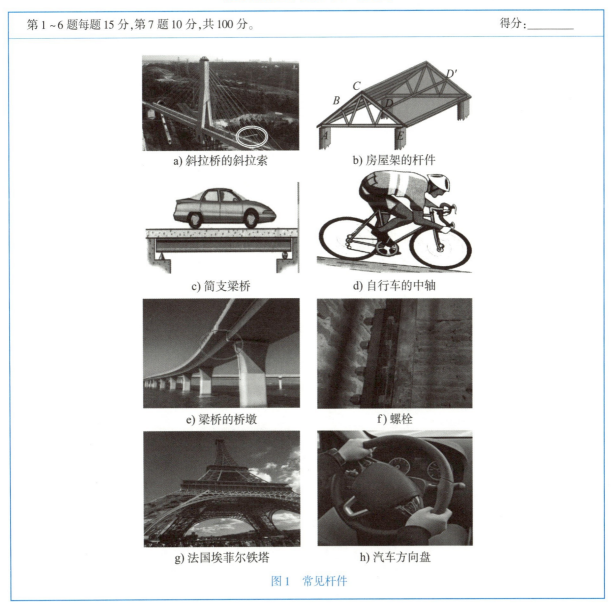

a) 斜拉桥的斜拉索　　　b) 房屋架的杆件

c) 简支梁桥　　　d) 自行车的中轴

e) 梁桥的桥墩　　　f) 螺栓

g) 法国埃菲尔铁塔　　　h) 汽车方向盘

图 1　常见杆件

续上表

例:图1h)属于扭转变形。原因:转动汽车方向盘时,方向盘受到大小相等、转向相反、位于垂直杆件轴线的一对力偶作用,产生绕轴线的相对转动而转向。

1. 图____)属于_____变形。原因:_____
_____

2. 图____)属于_____变形。原因:_____
_____

3. 图____)属于_____变形。原因:_____
_____

4. 图____)属于弯曲变形。原因:_____
_____

5. 图____)属于_____变形。原因:_____
_____

6. 图____)属于_____变形。原因:_____
_____

7. 图____)属于_____变形。原因:_____
_____

学习任务单 3.2　认识直杆轴向内力

计算图 1～图 4 各杆指定截面轴力并绘制轴力图,完成以下学习任务。

轴力计算及轴力图绘制

图 1～图 4 每题 25 分,共 100 分。　　　　　　　　　　　　　　　　　　　　　得分:_____

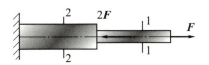

图 1　杆件受力分析图(一)

图 2　杆件受力分析图(二)

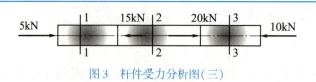

图3　杆件受力分析图(三)

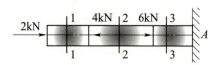

图4　杆件受力分析图(四)

学习任务单 3.3　认识直杆轴向应力

计算图 1 中杆件指定截面的轴力和应力,完成以下学习任务。

轴向应力的计算

共 100 分。　　　　　　　　　　　　　　　　　　　　　　　　　　　　　得分:_____

如图 1 所示,若杆各段的横截面面积 $A_1=200\text{mm}^2$、$A_2=300\text{mm}^2$、$A_3=400\text{mm}^2$,试着用公式 $\sigma=\dfrac{F_N}{A}$ 计算各横截面上的应力。(注意单位的换算)

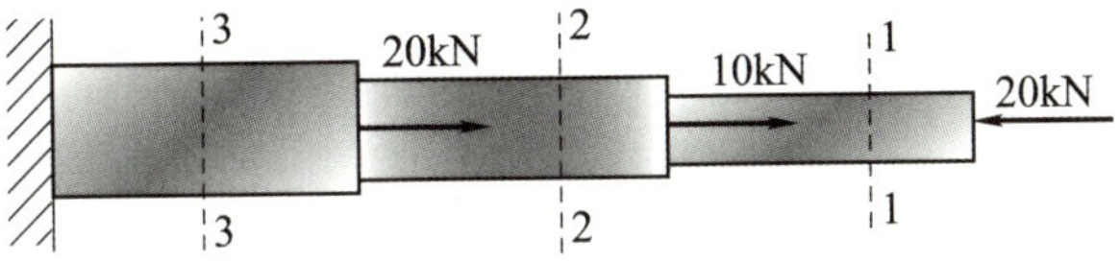

图 1　杆件受力分析图

学习任务单 3.4　直杆轴向拉压的工程应用

通过直杆拉伸试验,完成以下学习任务。

直杆拉伸试验

每个试验 25 分,共 100 分。　　　　　　　　　　　　　　　　　　　　　得分:_____

1. 试验一

取两根材质一致、长度相同、粗细不同的绳索施加相同大小的力 F 进行拉伸试验,如图 1 所示,观察拉伸后绳索长度的变化。

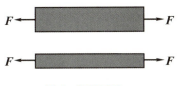

图 1　拉伸试验一

我们可以看到,在其他条件一致的情况下,绳索越粗,变形越_____;绳索越细,变形越_____。

2. 试验二

取两根材质一致、粗细相同、长度不同的绳索施加相同大小的力 F 进行拉伸试验,如图 2 所示,观察拉伸后绳索长度的变化。

图 2　拉伸试验二

我们可以看到,在其他条件一致的情况下,绳索原始长度越长,变形越_____;原始长度越短,变形越_____。

3. 试验三

取粗细相同、长度相同、材质不同的两根绳索施加相同大小的力 F 进行拉伸试验,如图 3 所示,观察拉伸后不同物体长度的变化。

图 3　拉伸试验三

我们可以看到,在其他条件一致的情况下,材质不一样,构件的变形_____。

4. 试验四

取粗细相同、长度相同、材质相同的两根绳索分别施加不同大小的力进行拉伸试验,如图 4 所示,观察拉伸后绳索长度的变化。

图 4　拉伸试验四

我们可以看到,在其他条件一致的情况下,力越大,绳索变形_____;力越小,绳索变形_____。

模块 3　知 识 测 评

一、判断题(每题 3 分,共 15 分)

1. 轴向拉伸和压缩时杆件截面上产生的应力是正应力。　　　　　　　　　　　　　　　(　　)
2. 轴力的大小与杆件受到的外力有关,与杆件材料无关。　　　　　　　　　　　　　　(　　)
3. 在其他条件不变时,若受轴向拉伸的杆件横截面面积增加一倍,则杆件横截面上的正应力也增加一倍。(　　)
4. 受轴向拉压的杆件,外力越大,杆件横截面上的应力一定越大。　　　　　　　　　　(　　)
5. 梁中部向下弯曲时,上部受压,下部受拉,中性层不受压也不受拉。　　　　　　　　(　　)

二、选择题(每题 3 分,共 15 分)

1. 单位面积上的内力称之为(　　)。
   A. 正应力　　　　　　B. 应力　　　　　　C. 拉应力　　　　　　D. 压应力

2. 与截面垂直的应力称之为(　　)。
   A. 正应力　　　　　　B. 拉应力　　　　　C. 压应力　　　　　　D. 切应力

3. 如图 1 所示,阶梯杆 AD 受三个集中力 F 作用,设 AB、BC、CD 段的横截面面积分别为 A、$2A$、$3A$,则三段杆的横截面上(　　)。

   A. 轴力不等,应力相等

   B. 轴力相等,应力不等

   C. 轴力和应力都相等

   D. 轴力和应力都不等

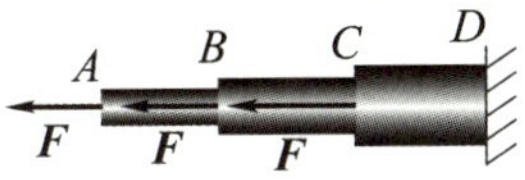

图 1　阶梯杆

4. 拉(压)杆的危险截面(　　)是横截面面积最小的截面。
   A. 一定　　　　　　　B. 不一定　　　　　C. 一定不

5. 如图 2 所示,AB 杆的 B 端受大小为 F 的力作用,则杆内截面上的内力大小为(　　)。
   A. F　　　　　　　　B. $F/2$　　　　　　C. 0　　　　　　　　D. 不能确定

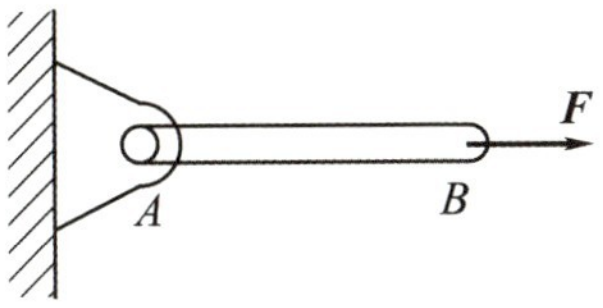

图 2　杆件的受力分析图

三、填空题(每空 2 分,共 10 分)

1. 求内力最常用的方法是_____。
2. 杆件轴向拉伸或压缩时,其受力特点是:作用于杆件外力的合力的作用线与杆件轴线相_____。

3. 轴向拉伸或压缩杆件的轴力垂直于杆件横截面,并通过截面_____。

4. 两根材料不同、横截面不同的拉杆,受相同的拉力,它们横截面上的内力_____。(选填"相同"或"不相同")

5. 轴力和横截面面积相等,而横截面形状和材料不同,它们横截面上的应力_____。(选填"相同"或"不相同")

四、应用题(第一题30分,第二题30分,共60分)

1. 如图3所示的等直杆,在 B、C、D、E 处分别作用已知外力为 F_4、F_3、F_2、F_1,且 $F_1 = 10\text{kN}, F_2 = 20\text{kN}, F_3 = 15\text{kN}, F_4 = 8\text{kN}$。求作其轴力图。

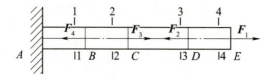

图3　等直杆

2. 图4所示为圆截面阶梯杆,已知轴向外力 $F_1 = 20\text{kN}$、$F_2 = 50\text{kN}$,AB 段与 BC 段的直径分别为 $d_1 = 20\text{mm}$ 与 $d_2 = 30\text{mm}$,试计算该杆横截面上的最大正应力。

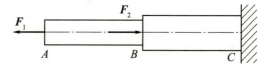

图4　圆截面阶梯杆

模块 3 目标评价

评分标准	配分	得分
素质目标		
1.具有团结互助、共同探讨问题的意识,例如,小组共同动手完成杆件拉伸实验,共同探讨和理解直杆的轴力和应力	10	
2.养成拓展学习的习惯,具有探究与创新精神,如学习新知识,会自主完成线上、线下的学习,如探究拉压斜截面上应力的计算以及应力集中等知识	10	
3.具备工程问题生活化的思维,能结合实际工程案例,对直杆拉伸与压缩进行受力分析	10	
知识目标		
1.认识工程中常见杆件的受力和变形	10	
2.掌握轴向拉压杆受力与变形的特点以及直杆轴向内力的概念	10	
3.理解应力的概念,认识轴向拉压杆上的正应力	10	
能力目标		
1.能判断杆件基本变形	10	
2.能用截面法求内力	10	
3.能计算轴向拉压杆上指定截面上的应力	10	
4.能分析直杆拉伸变形与受力的关系	10	
总分	100	

注:好(85~100分);较好(75~84分);一般(60~74分);差(60分以下)。

模块 4　直梁弯曲

学习任务单 4.1(1)　认识简支梁桥

参照上述"任务实施",完成以下学习任务。

认识简支梁桥

第一、三步 30 分,第二步 40 分总分 100 分。　　　　　　　　　　　　　　　　　　得分:_____

(1) 第一步:判断梁的类型

简支梁桥属于_____梁,在图 1、图 2 中标示简支梁的位置。

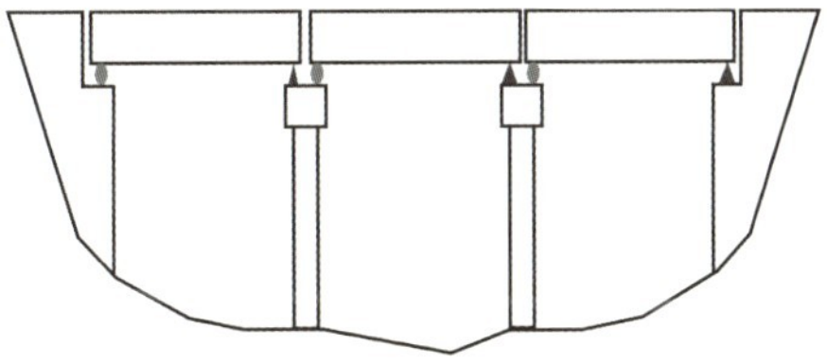

图 1　简支梁桥简图 　　　　　　　　图 2　简支梁桥实图

(2) 第二步:分析梁的变形

简支梁桥的结构为静定结构,支座反力仅有竖向力,没有水平力;结构在均布荷载作用下跨中弯矩最大;支座处剪力最大,弯矩为零,请在图 3 中画出受力图和受力变形图。

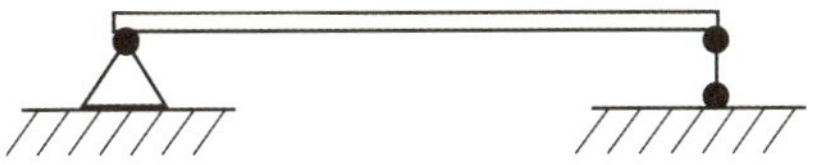

图 3　简支梁受力示意图

(3) 第三步:认识梁的作用

简支梁桥中梁的作用:

学习任务单4.1(2)　判断梁类型和作用

根据各类梁的特征,判断梁的类型,并说明梁的作用,完成以下学习任务。

判断梁类型和作用

每题10分,共100分。　　　　　　　　　　　　　　　　　　　　　评分:_____

图A　安徽岳西明堂山玻璃栈道

图1　山东济南泺口黄河铁路桥

图2　建设中的桥梁

图3　建设中的基础

图4　楼房楼面

图5　楼房凹阳台

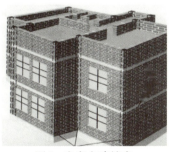
图6　农家自建楼房

图7　半凸半凹阳台

图8　建设中的楼房

图9　楼房凸阳台

例:图A属悬臂梁,作用<u>U形一端悬在半空,另一端用钢桩固定在岩石保证平衡</u>

1. 图1属_____梁,作用_____
2. 图2属_____梁,作用_____

续上表

3. 图3 属_____梁,作用_____

4. 图4 属_____梁,作用_____

5. 图5 属_____梁,作用_____

6. 图6 属_____梁,作用_____

7. 图7 属_____梁,作用_____

8. 图8 属_____梁,作用_____

9. 图9 属_____梁,作用_____

10. 以上属于悬臂梁:_____简支梁:_____外伸梁:_____

学习任务单 4.2　梁的内力图绘制

有一悬臂梁,自由端作用集中力 F,请绘制梁的剪力图和弯矩图,完成以下学习任务。

梁的剪力图和弯矩图绘制

第一步 40 分,第二、三步 30 分,总分 100 分。　　　　　　　　　　　得分:_____

自由端作用集中力 F 的悬臂梁,如图 1 所示。

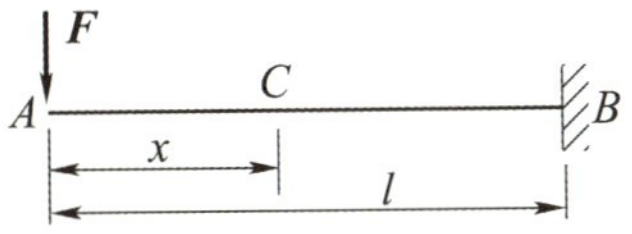

图 1　悬臂梁

(1) 第一步:计算剪力和弯矩

利用截面法,计算距左端为 x 的横截面上剪力和弯矩。

剪力方程_____　剪力 F_S _____

弯矩方程_____　弯矩 M _____

(2) 第二步:绘制剪力图

续上表

(3)第三步:绘制弯矩图

学习任务单 4.3　认识梁的正应力及其强度条件

有一外伸梁,受均布荷载作用,梁的强度是否能满足要求? 完成以下学习任务。

梁的强度校核

前五步每步 15 分,第六步 25 分,共 100 分。	得分:_____

如图 1 所示,有一受均布荷载作用外伸梁,材料的许用应力 $[\sigma]$ 为 160MPa,校核该梁的强度。

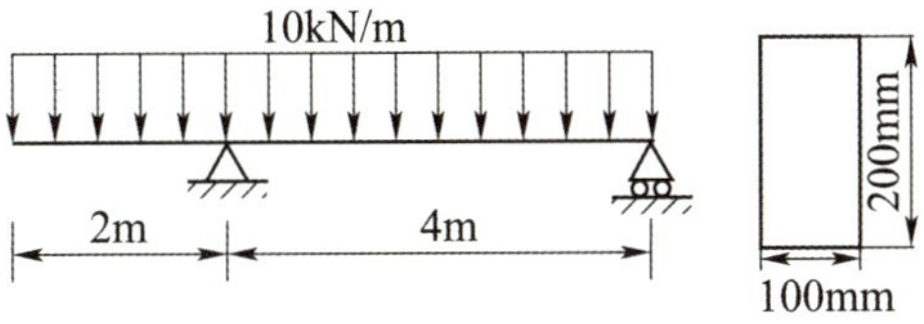

图 1　外伸梁

第一步:计算支座反力

第二步:计算最大弯矩

第三步:绘制剪力图

续上表

第四步:计算弯曲截面系数
第五步:计算最大正应力
第六步:判断强度是否满足要求

模块 4 知 识 测 评

一、判断题（每题 3 分，共 15 分）

1. 弯曲变形时，杆件只受到垂直于轴线的横向力作用。（　　）
2. 用截面法求某一截面的内力时，必须要先求出支座反力，然后取研究对象，画受力图，列方程进行计算。（　　）
3. 剪力图为正时，弯矩图向上倾斜。（　　）
4. 等强度梁每一个横截面上的最大正应力都相等。（　　）
5. 梁中部向下弯曲时，上部受压，下部受拉，中性层不受压也部受拉。（　　）

二、选择题（每题 3 分，共 15 分）

1. 弯曲变形是指杆件轴线_____的变形。
   A. 由直线变为曲线　　　B. 由曲线变为直线　　　C. 伸长　　　D. 缩短
2. 外伸梁是指梁_____的支座的简支梁。
   A. 一端伸出　　　B. 两端伸出　　　C. 两端都不伸出　　　D. 一端或两端伸出
3. 如果梁的某一个截面的弯矩使梁产生_____运动趋势，则规定该弯矩符号为正。
   A. 顺时针旋转　　　B. 逆时针选择　　　C. 中部上凸　　　D. 中部下凹
4. 用截面法计算梁的某一截面内力时，一般先假设_____。
   A. 剪力为正，弯矩为负　　　　　　　B. 剪力为正，弯矩为正
   C. 剪力为负，弯矩为正　　　　　　　D. 剪力为正，弯矩为正
5. 均布荷载的剪力图、弯矩图分别为_____。
   A. 直线、斜线　　　B. 斜线、斜线　　　C. 斜线、抛物线　　　D. 直线、抛物线

三、填空题（每空 2 分，共 40 分）

1. 建筑物的重要构件之一为_____。
2. 作用于杆件上的外力垂直于杆件的轴线，当杆的_____由直线变为曲线时称为_____。
3. 以弯曲变形为主的直杆称为_____，也称为_____。
4. 图 1 中显示梁的传力方式，其中 a) 为_____梁、b) 为_____梁的传力方式。
5. 图 2 为建筑物构件，根据图完成建筑物的主要传力顺序：

屋顶的荷载传传到_____，再传至次梁，再传给_____梁，再传到_____，然后传到_____，由_____承担所有的力。

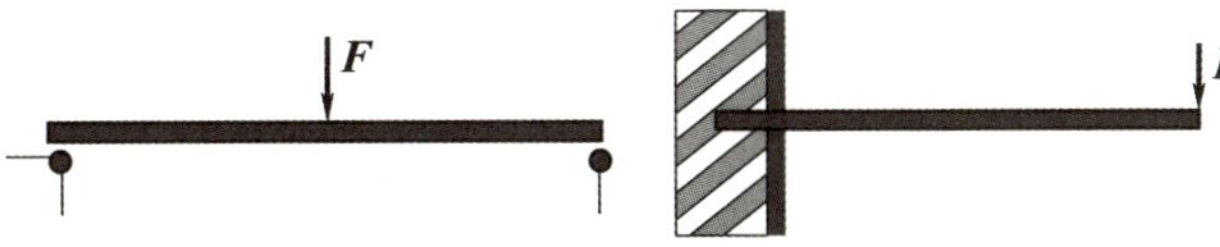

图 1　梁的传力方式　　　　图 2　建筑物构件图

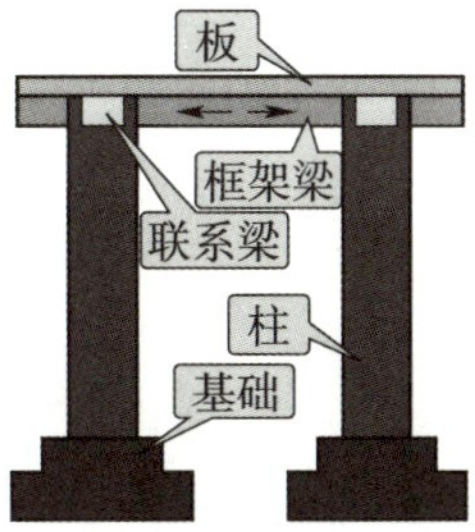

6. 梁主要是对抗剪和抗弯设计，混凝土的抗拉强度极小，但混凝土承受很大拉力，一般情况下不进行抗拉计算，因此，混凝土主要承受_____力，钢筋承受_____力。

7. 图3为各梁的剪力图和弯矩图，其中简支梁_____、_____、_____，悬臂梁_____、_____、_____。

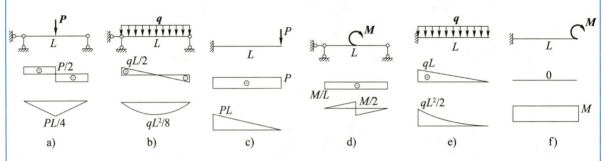

图3　梁的剪力图和弯矩图

四、实践应用题(30分)

某商场楼房为框架结构，其主梁AB跨度为L，如图4所示，采用加次梁CD的方法提高承载力，若主梁和次梁材料相同，截面尺寸相同，则次梁的最大长度a为多少？

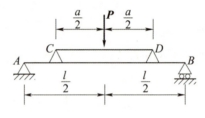

图4　框架结构

1. 计算主梁AB的最大弯矩。

2. 计算次梁CD的最大弯矩。

续上表

3. 绘制主梁 AB 和次梁 CD 弯矩图。

4. 计算次梁的最大长度 a。

评价：

模块 4 目 标 评 价

评分标准	配分	得分
素质目标		
1.具有团结互助、共同探讨问题的意识,例如,小组共同动手完成梁的强度试验,共同探讨和理解梁的内力和强度	10	
2.养成拓展学习的习惯,具有探究与创新精神,如学习新知识,会自主完成线上、线下的学习	10	
3.具备工程问题生活化的思维,有初步解决工程中实际问题的岗位综合职业能力,例如,能将生活中看到的建筑物与学习内容结合,并注意收集各种形式的生活案例	10	
知识目标		
1.可以分辨简支梁、外伸梁和悬臂梁,理解剪力、弯矩的概念	10	
2.掌握梁的内力图规律,能利用规律绘制梁的内力图	10	
3.了解挠度的概念,了解正应力计算公式	10	
能力目标		
1.能认识简支梁、外伸梁和悬臂梁	10	
2.能判断各种梁的类型和作用	10	
3.能分析构件的受力和绘制梁的内力图	10	
4.能进行梁强度校核	10	
总分	100	

注:好(85~100分);较好(75~84分);一般(60~74分);差(60分以下)。

模块 5　连接件的剪切与挤压

学习任务单 5.1　认 识 剪 切

参照上述"任务实施",完成以下学习任务。

剪切构件的认识

总分:＿＿＿＿　　　　　　　　　　　　　　　　　　　　　　　得分:＿＿＿＿

(1)第一步:判断发生剪切的构件

图 1 ＿＿＿＿属于受剪构件,因为＿＿＿＿＿＿＿＿＿＿＿＿

图 1　螺栓连接实图

配分:30 分　得分:＿＿＿＿

(2)第二步:分析剪切变形

在图2中标识出剪切面。

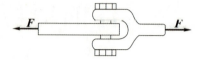

图2　螺栓连接简图(一)

配分:40分　得分:_____

(3)第三步:确定剪力的大小

在图3中标识出剪力的大小和方向。

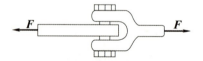

图3　螺栓连接简图(二)

配分:30分　得分:_____

学习任务单 5.2（1） 挤压与剪切判断

根据图 1 中结构受力特点，判断挤压与剪切，完成以下学习任务。

挤压与剪切判断

每题 10 分，共 100 分。　　　　　　　　　　　　　　　　　　　　　得分：_____

　　a) 混凝土的变形　　　　　　b) 压蒜器

　　c) 榫接图　　　　　　　　　d) 手挤橙汁

　e) 打气筒中空气的变形　　f) 钢筋混凝土发生刚度变形

　　g) 混凝土试验图　　　　　h) 挤压边墙试验

图　1

i) 桥墩的变形破坏　　　　j) 螺纹钢断线钳

图 1　生活中的挤压与压缩

1. 图a)属于_____变形,请在图中标出剪切面或挤压面。
2. 图b)属于_____变形,请在图中标出剪切面或挤压面。
3. 图c)属于_____变形,请在图中标出剪切面或挤压面。
4. 图d)属于_____变形,请在图中标出剪切面或挤压面。
5. 图e)属于_____变形,请在图中标出剪切面或挤压面。
6. 图f)属于_____变形,请在图中标出剪切面或挤压面。
7. 图g)属于_____变形,请在图中标出剪切面或挤压面。
8. 图h)属于_____变形,请在图中标出剪切面或挤压面。
9. 图i)属于_____变形,请在图中标出剪切面或挤压面。
10. 图j)属于_____变形,请在图中标出剪切面或挤压面。

学习任务单 5.2(2)　认识挤压变形 1

判断构件是否发生剪切和挤压变形,并标出剪切面和挤压面,完成以下学习任务。

认识挤压变形 1

| 第一、三步 30 分,第二步 40 分,共 100 分。 | 得分:_____ |

(1)第一步:判断构件是否发生剪切和挤压变形。

图 1 中构件发生了_____变形,因为_____。

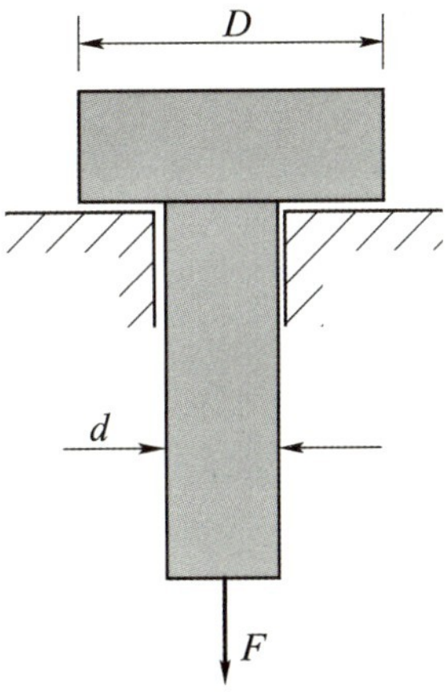

图　1

(2)第二步:识别剪切面和挤压面。

在图 2 中标识剪切面和挤压面。

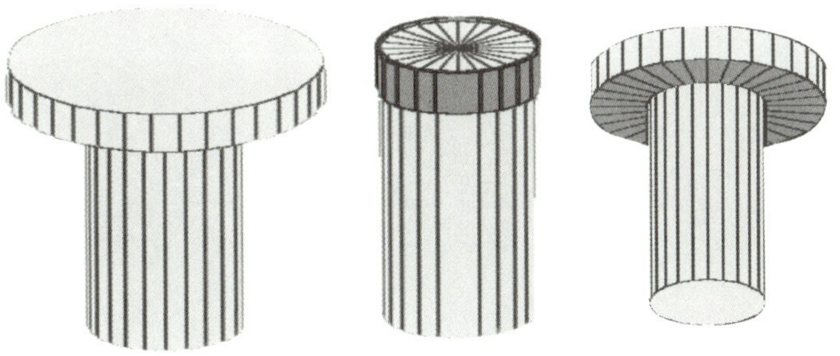

图　2

续上表

(3)第三步:分析挤压变形的原因。

学习任务单 5.2(3)　认识挤压变形 2

认识挤压变形 2

第一、三步 30 分,第二步 40 分,共 100 分。　　　　　　　　　　　　　　　　得分:_____

(1) 第一步:判断构件是否发生剪切和挤压变形。

图中构件发生了_____变形,因为_____。

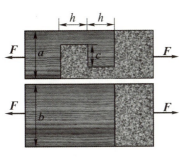

图　1

(2) 第二步:识别剪切面和挤压面。

在图 2 中标识剪切面和挤压面。

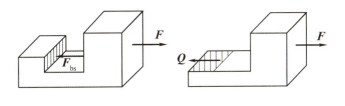

图　2

（3）第三步：分析挤压变形的原因。

模块 5　知 识 测 评

一、填空题（每空 3 分，共 30 分）

1. 常见的连接件形式有：螺栓连接、_____、_____。
2. 发生剪切变形的构件，所受的一对平行力_____、_____、_____。
3. 剪切变形中，发生相对错动的截面称为_____。
4. 在外力作用下，连接件和被连接件之间，在接触面上相互压紧，这种现象称为_____。相互压紧的接触面称为_____。
5. 平行于剪切面的应力称为_____。
6. 用剪子剪断钢丝时，钢丝发生剪切变形的同时还会发生_____变形。

二、判断题（每题 4 分，共 20 分）

1. 若在构件上作用有两个大小相等、方向相反、相互平行的外力，则此构件一定产生剪切变形。　（　）
2. 用剪刀剪的纸张和用刀切的菜，均受到了剪切破坏。　（　）
3. 受剪构件的剪切面总是平面。　（　）
4. 连接件一般受到剪切作用，并伴随有挤压作用。　（　）
5. 剪切变形是杆件的基本变形之一，是指杆件受到一对垂直于杆轴的大小相等、方向相反、作用线相距很近的力作用后所引起的变形。　（　）

三、实践应用题（每题 25 分，共 50 分）

1. 如图 1 所示的木榫接头，左、右两部分的形状完全一样，在力 P 作用下，榫接头的剪切面积为_____，挤压面积为_____。

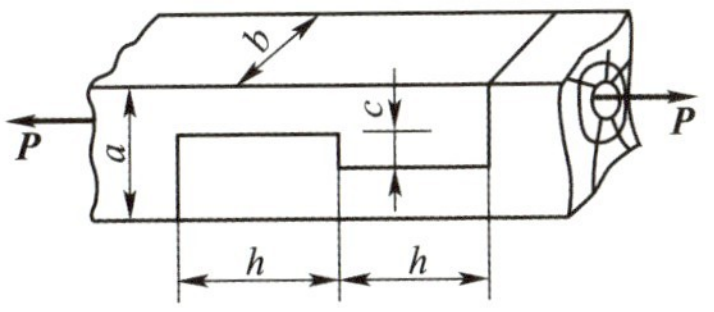

图 1　木榫接头

2. 如图 2 所示连接件，计算圆柱销剪切面上的剪应力。

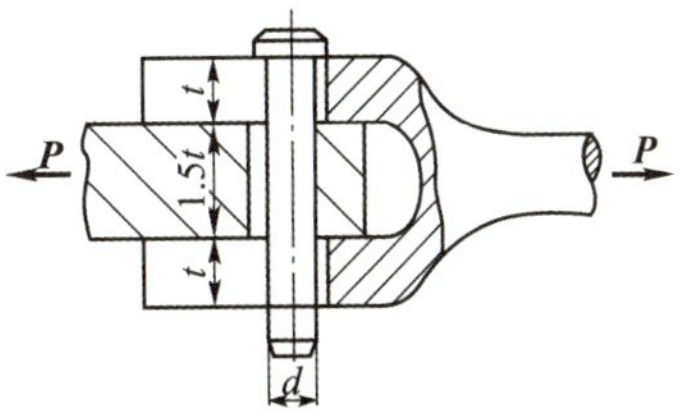

图 2　圆柱销

模块 5 目 标 评 价

评分标准	配分	得分
素质目标		
1. 具有团结互助、共同探讨问题的意识,例如,共同探讨和理解螺栓连接中各部件的受力特点	10	
2. 养成拓展学习的习惯,具有探究与创新精神,如学习新知识,会自主完成线上、线下的学习,自主探究剪切面面积以及剪应力的计算等知识	10	
3. 具备工程问题生活化的思维,能结合实际工程案例,对剪切与挤压进行受力分析	10	
知识目标		
1. 认识常用连接件	10	
2. 能判断连接件常见变形	10	
3. 理解剪切、挤压的概念	10	
能力目标		
1. 能认识剪切和挤压构件	10	
2. 能区分挤压与压缩	10	
3. 掌握剪切与挤压的受力特点	20	
总分	100	

注:好(85~100分);较好(75~84分);一般(60~74分);差(60分以下)。